Big data

Big data
Una breve introducción
Dawn E. Holmes
Traducción de Dulcinea Otero-Piñeiro

○

Antoni Bosch editor, S.A.U.
Manacor, 3
08023 Barcelona
info@antonibosch.com
www.antonibosch.com

Título original de la obra: *Big Data. A Very Short Introduction*

Big Data. A Very Short Introduction was originally published in English in 2017. This translation is published by arrangement with Oxford University Press. Antoni Bosch editor is solely responsible for this translation from the original work and Oxford University Press shall have no liability for any errors, omissions or inaccuracies or ambiguities in such translation or for any losses caused by reliance thereon

Big Data. A Very Short Introduction fue originalmente publicada en 2017 por Oxford University Press. Esta traducción ha sido publicada de acuerdo con Oxford University Press. Antoni Bosch editor es el único responsable de esta traducción de la obra original, y Oxford University Press no tiene ninguna responsabilidad en caso de errores, omisiones o ambigüedad en los términos de la traducción.

ISBN: 978-84-948860-4-1
Depósito legal: B. 23162-2018

Diseño de cubierta: Compañía
Maquetación: JesMart
Corrección: Olga Mairal
Impresión: Prodigitalk

Impreso en España – *Printed in Spain*

Índice

Prólogo 9
Agradecimientos 13
Relación de figuras 15
1. Un estallido de datos 17
2. ¿Qué tienen de especial los datos masivos? 37
3. Almacenamiento de datos masivos 55
4. Análisis de datos masivos 79
5. *Big data* en medicina 99
6. Datos masivos, negocio masivo 123
7. Seguridad y datos masivos: el caso Snowden 145
8. Los datos masivos y la sociedad 165
Unidades de medida de *bytes* 177
Códigos ASCII de las letras minúsculas 179
Lecturas recomendadas 181
Índice analítico 187

Índice

Prólogo

Hay dos clases de obras sobre datos masivos, o *big data*: unas no brindan información alguna acerca de cómo funcionan las cosas en realidad, mientras que otras son libros de texto con gran contenido matemático que solo resultan adecuados para estudiantes universitarios. Este libro pretende ofrecer una alternativa que proporcione una introducción al funcionamiento de los datos masivos y al modo en que están cambiando el mundo que nos rodea, sus efectos tanto en la vida cotidiana como en la esfera de los negocios.

Hubo un tiempo en que la palabra *datos* hacía referencia a documentos y artículos impresos que quizá contuvieran algunas fotos, pero hoy significa mucho más que eso. Las redes sociales producen sin cesar cantidades ingentes de datos en forma de imágenes, vídeos y películas. Las compras a través de Internet generan datos cada vez que se introduce una dirección o la numeración de una tarjeta de crédito. Nos hallamos en un punto en que la recopilación y el almacenamiento de datos crecen a un ritmo imposible de imaginar hace apenas unas décadas, pero, como se verá en este libro, las nuevas técnicas de análisis están logrando convertir estos datos en información útil. Durante la redacción de este libro he reparado en que, para que tenga sentido cualquier tratamiento de los datos masivos, hay que hacer referencia a menudo a su recopilación, almacenamiento, análisis y utilización por parte de los grandes agentes comerciales. Esto lleva a citar muchas veces empresas como Google o Amazon, porque han sido las responsables de muchos de los grandes avances en *big data*.

El primer capítulo contiene una introducción a la variedad de datos en general, antes de explicar cómo la era digital ha alterado la definición de *datos*. Los datos masivos se presentan de una manera informal mediante la idea de un estallido de datos, que involucra la informática, la estadística y el enlace entre ambas disciplinas. Los capítulos dos a cuatro recurren a numerosos diagramas que ayudan a explicar algunos de los métodos necesarios para tratar datos masivos. El capítulo segundo explora los motivos que hacen especial el concepto de *big data*, lo que conduce a una definición más específica. El capítulo tercero describe las dificultades relacionadas con el almacenamiento y el manejo de datos masivos. Casi todo el mundo es consciente de la necesidad de hacer copias de seguridad de los datos contenidos en sus ordenadores personales, pero ¿cómo hacer esto mismo con los volúmenes colosales de datos que se generan hoy día? Para responder esta pregunta hay que abordar el almacenamiento de bases de datos y los métodos para distribuir tareas entre grupos de computadoras. El capítulo cuatro defiende que los datos masivos solo son útiles si se puede extraer información de ellos. La explicación simplificada de varias técnicas bien asentadas ofrece una idea del modo en que se logra convertir los datos en información.

Luego nos adentramos en una explicación más detallada de las aplicaciones de los datos masivos, que comienza en el capítulo cinco con las aplicaciones médicas de los *big data*. El capítulo seis analiza su uso en los negocios recurriendo a casos concretos como Amazon y Netflix, cada uno de los cuales pone de manifiesto distintos rasgos del uso comercial de datos masivos. El capítulo siete propone echar una ojeada a algunas dificultades que relacionan los datos masivos con la seguridad y con la importancia de la encriptación. El robo de datos se ha convertido en un problema importante y tratamos algunos de los casos que han llegado a ser noticia, como el de Snowden o el de WikiLeaks. Al final del capítulo se llama la atención sobre la ciberdelincuencia como problema al que hay que enfrentarse al tratar con datos masivos. El octavo y último capítulo describe cómo los datos masivos están modificando la sociedad en la que vivimos, a través del desarrollo de robots sofisticados que cumplen sus funciones en el ámbito laboral. Al final del libro se tratan los hogares inteligentes y las ciudades inteligentes del futuro.

Una introducción breve no permite tratarlo todo, así que confío en despertar el interés del público lector por ampliar los asuntos tratados a través de las obras propuestas en el apartado de lecturas recomendadas.

Agradecimientos

Cuando le comenté a Peter que quería manifestarle mi agradecimiento por sus aportaciones a este libro, me propuso usar la frase siguiente: «Quiero dar las gracias a Peter Harper, porque este libro habría sido otro distinto sin su uso concienzudo del corrector ortográfico». Pero también le agradezco lo bien que hace el café ¡y su sentido del humor! Esto ya supone una ayuda inestimable, pero Peter hizo muchísimo más y, en honor a la verdad, hay que decir que sin su estímulo constante y sus aportaciones constructivas este libro ni siquiera existiría.

Dawn E. Holmes
Abril de 2017

Relación de figuras

Fig. 1   Un diagrama de cúmulos (pág. 50)

Fig. 2   Conjunto de datos de fraude con clasificaciones conocidas (pág. 52)

Fig. 3   Árbol de decisiones para operaciones (pág. 53)

Fig. 4   Esquema simplificado de parte de un cúmulo DFS Hadoop (pág. 63)

Fig. 5   Base de datos de clave y valor (pág. 67)

Fig. 6   Base de datos organizada en grafos (pág. 68)

Fig. 7   Codificación de una cadena de caracteres (pág. 72)

Fig. 8   Árbol binario (pág. 74)

Fig. 9   Árbol binario con un nodo adicional (pág. 74)

Fig. 10 Árbol binario completo (pág. 74)

Fig. 11 Función de mapeo (pág. 81)

Fig. 12 Funciones de barajado y reducción (pág. 82)

Fig. 13 Matriz de 10 bits (pág. 85)

Fig. 14 Síntesis de los resultados de las funciones resumen *(hash functions)* (pág. 86)

Fig. 15 Filtro de Bloom para direcciones electrónicas maliciosas (pág. 87)

Fig. 16 Grafo orientado que representa una porción pequeña de la Red (pág. 92)

Fig. 17 Grafo orientado que representa una porción pequeña de la Red, con un enlace adicional (pág. 92)

Fig. 18 Síntesis de votos por páginas (pág. 93)

Fig. 19 Libros adquiridos por Suárez, Jiménez y Bermúdez (pág. 131)

Fig. 20 Índice y distancia de Jaccard (pág. 132)

Fig. 21 Puntuación de compras mediante estrellas (pág. 133)

1
Un estallido de datos

¿Qué son los datos?

Esparta declaró la guerra a Atenas en el año 431 antes de nuestra era. Tucídides describió, en su relato de la guerra, que las fuerzas leales a Atenas sitiadas en Platea trazaron un plan para escapar escalando el muro que las fuerzas peloponesias dirigidas por Esparta habían levantado alrededor de la población. Para ello necesitaban conocer la altura de esos muros y construir escaleras de la longitud adecuada. Buena parte del muro peloponesio estaba enlucida con mortero basto, pero se encontró un tramo donde los ladrillos seguían a la vista, y se encomendó a un gran número de soldados la tarea de contar cuántas hileras de ladrillos había en la pared. Trabajar a una distancia segura de los ataques enemigos inducía errores inevitables, pero, como explica Tucídides, el recuento se hizo tantas veces que podía considerarse correcto el resultado más frecuente. Este valor más frecuente de recuento, al que hoy nos referiríamos como *la moda*, fue el que se empleó para calcular la altura del muro y montar escaleras con la longitud necesaria para salvarlo. Así logró escapar una fuerza compuesta por varios centenares de hombres, y este episodio bien podría considerarse el ejemplo histórico más impactante de recopilación y análisis de datos. Pero la recogida, almacenamiento y análisis de datos es incluso anterior a Tucídides en muchos siglos, como veremos.

Se han hallado muescas en bastones, piedras y huesos que datan de épocas tan tempranas como el Paleolítico Superior. Se cree que esas muescas representan datos almacenados a modo de inventario, aunque el debate académico continúa. Quizá el ejemplo más famoso sea el del hueso de Ishango, hallado en la República Democrática del Congo en 1950 y para el que se estima una antigüedad en torno a 20.000 años. Este hueso con muescas ha recibido interpretaciones diversas, desde una calculadora a un calendario, aunque hay quien prefiere explicar las marcas como un recurso sencillo para mejorar el agarre. El hueso de Lebombo, descubierto en la década de 1970 en Suazilandia, es incluso más antiguo, pues data de alrededor del año 35000 antes de nuestra era. Se trata de un fragmento del peroné de un babuino que lleva grabadas veintinueve líneas y presenta un parecido muy llamativo a los bastones marcados que hoy en día usan a modo de calendario los recolectores de la lejana Namibia, lo que sugiere que podríamos estar ante un método utilizado para registrar datos relevantes para aquella civilización.

La interpretación de estos huesos con muescas sigue siendo objeto de especulación, pero sabemos que uno de los primeros usos bien documentados de datos consistió en el censo elaborado por los babilonios en el año 3800 antes de nuestra era. Este censo documentaba de manera sistemática la cantidad de población y sus productos básicos, tales como leche o miel, con el fin de disponer de la información necesaria para calcular impuestos. Los antiguos egipcios también usaban datos en forma de jeroglíficos escritos en madera o sobre papiro, con los que registraban la entrega de mercancías y llevaban la cuenta de los impuestos. Pero los ejemplos tempranos de uso de datos no se restringen a Europa o África; los incas y sus antecesores en América del Sur registraban meticulosas estadísticas con fines fiscales o comerciales, y usaban para ello un sistema complejo y sofisticado de cuerdas coloreadas anudadas llamadas *quipu* con un método de contabilidad de base decimal. Estas cuerdas anudadas se elaboraban con algodón o lana de camélido teñidos con colores vivos, y datan del tercer milenio antes de nuestra era. Que se sepa, sobrevivieron menos de mil quipus a la invasión española y al intento posterior de erradicarlos. Estos instrumentos se cuentan entre los primeros ejemplos conocidos de sistemas de almacenamiento masivo de datos y, en la actualidad, se están desarrollando algoritmos informáticos con el fin de descifrar todo el significado de los quipus y ampliar lo que se sabe acerca de su modo de empleo.

Aunque podemos describir estos sistemas primitivos como métodos para la utilización de datos, lo cierto es que el término *datos* procede del latín, una lengua en la que el singular de este término era *datum* y el plural, *data*. La forma *datum* rara vez se usa en la actualidad, pero en la lengua inglesa y otras se ha adoptado la forma *data* para referirse a ambos números gramaticales. El *Oxford English Dictionary* atribuye el primer uso conocido de *data* en lengua inglesa al clérigo inglés del siglo XVII Henry Hammond en un polémico tratado religioso publicado en 1648. En esta obra, Hammond empleó la expresión *heap of data* («montón de datos») en un sentido teológico para referirse a verdades religiosas indiscutibles. Pero, aunque esta publicación destaque como la primera en utilizar el término *data* en inglés, no se corresponde con su uso moderno con el sentido de denotar hechos y cifras referidas a una población de interés. Los *datos*, tal y como hoy entendemos este término, deben su origen a la revolución científica del siglo XVIII impulsada por gigantes intelectuales de la talla de Priestley, Newton o Lavoisier, y hacia 1809 Gauss y Laplace establecieron los cimientos profundamente matemáticos de los métodos estadísticos modernos sobre la base del trabajo de matemáticos anteriores.

A un nivel más práctico, la epidemia de cólera de Broad Street, Londres, de 1854 dio pie a una gran recopilación de datos que permitieron al médico John Snow cartografiar la propagación del mal. En ellos encontró un fuerte apoyo para su hipótesis de que la enfermedad se expandía a través del agua contaminada, y para mostrar que no se transmitía por el aire, como hasta entonces se había pensado. Reunió datos de la población local, y así comprobó que todas las personas afectadas utilizaban la misma bomba pública de agua. Luego convenció a las autoridades de la parroquia para que cerraran la bomba, lo que se efectuó retirando la palanca del dispositivo. Después Snow elaboró un mapa, que ahora es famoso, donde mostraba que la enfermedad surgía de focos cercanos a la bomba de Broad Street. Este médico siguió trabajando en este campo, recopilando y analizando datos, lo que le valió su renombre como precursor de la epidemiología.

Tras el trabajo de John Snow, la epidemiología y las ciencias sociales han ido descubriendo cada vez más datos demográficos de gran valor para la investigación, y los censos que se elaboran en muchos países se han revelado muy útiles como fuentes de ese tipo de información. Por ejemplo, en la actualidad se toman datos sobre tasas de natalidad y mortalidad, la incidencia de diversas enfermedades o las estadísticas sobre ingresos y criminalidad, algo que no se hacía antes del siglo xix. El censo, que se actualiza en la mayoría de los países cada diez años, ha ido incorporando con el paso del tiempo cada vez más cantidad de datos, lo que a la larga ha generado un volumen mayor de lo que tendría sentido registrar a mano o con las sencillas máquinas de recuento que se usaban antaño. El desafío de procesar estas cantidades crecientes de datos para los censos lo afrontó parcialmente Herman Hollerith cuando trabajaba para la Oficina del Censo de Estados Unidos.

Para elaborar el censo de Estados Unidos de 1870 se disponía de una simple máquina de recuento que resultó ser muy limitada para aliviar el trabajo de la Oficina. El cambio radical se produjo a tiempo para el censo de 1890, cuando se empleó la máquina tabuladora de Herman Hollerith, que utilizaba tarjetas perforadas, para almacenar y procesar los datos. Antes solían necesitarse ocho años para procesar los datos del censo de Estados Unidos, pero con este invento nuevo el tiempo se redujo a un año. La máquina de Hollerith revolucionó el análisis de datos censales en todo el mundo, incluidos países como Alemania, Rusia, Noruega o Cuba.

Hollerith vendió su máquina a la compañía que evolucionó hasta convertirse en IBM, la cual desarrolló y produjo más tarde toda una serie de máquinas de tarjetas perforadas que alcanzaron gran difusión. En el año 1969, el Instituto Nacional Estadounidense de

Normalización (ANSI, American National Standards Institute) definió el código Hollerith de tarjetas perforadas (o Código de Tarjetas Hollerith) en honor al ingeniero responsable de las primeras innovaciones en este campo.

Los datos en la era digital

Antes de que se generalizara el uso de computadoras, los datos del censo, de los experimentos científicos o de los estudios de campo y cuestionarios más cuidadosos se registraban en papel, un proceso costoso en cuanto a tiempo y dinero. Solo se podía proceder a la recopilación de datos después de que el equipo investigador hubiera decidido las cuestiones que pretendía esclarecer mediante el experimento o el estudio. Los datos resultantes, altamente estructurados, se transcribían con mucho orden sobre papel en filas y columnas, y luego se sometían a los métodos de análisis de la estadística tradicional. Algunos datos empezaron a almacenarse en computadoras durante la primera mitad del siglo XX, lo que ayudó a aligerar en parte este trabajo tan arduo, pero las posibilidades de producir, recolectar, almacenar y analizar datos de manera electrónica se volvieron cada vez más viables tras la aparición de Internet (World Wide Web, «la Web» o «la Red») en 1989 y su posterior y rápido desarrollo. La Red generaba de manera inevitable un volumen de datos tan elevado que no hubo más remedio que enfrentarse a este problema, y para entenderlo conviene ante todo echar una ojeada a cómo podemos establecer distinciones entre datos de diferentes tipos.

Los datos procedentes de la Red se pueden clasificar en estructurados, no estructurados y semiestructurados.

Los datos estructurados son del estilo de los que se podrían anotar a mano y conservar en cuadernos o archivadores, aunque ahora se almacenan de manera electrónica en hojas de cálculo o bases de datos, y consisten en tablas similares a las de las hojas de cálculo con filas y columnas. Cada fila constituye un registro, y cada columna, un campo bien definido (como el nombre, la dirección o edad). Contribuimos a los almacenes de datos estructurados cada vez que, por ejemplo, proporcionamos la información necesaria para encargar mercancías por Internet. Los datos estructurados y tabulados con esmero son relativamente fáciles de tratar y admiten un análisis estadístico: de hecho, hasta hace poco solo era posible aplicar métodos de análisis estadístico a datos estructurados.

En contraste, los datos no estructurados no son tan sencillos de organizar en categorías e incluyen fotos, vídeos, tuits y documentos generados con procesadores de texto. Con la extensión de Internet fue cundiendo la sensación de que había muchas fuentes de información que permanecían inaccesibles porque carecían de la estructura necesaria para aplicarles las técnicas analíticas existentes. Sin embargo, si se identifican ciertos rasgos clave, es posible que los datos que a primera vista parecen no estructurados posean cierto grado de estructura. Los mensajes de correo electrónico, por ejemplo, contienen *metadatos* estructurados en las cabeceras, además del mensaje de texto en sí mismo, que no está estructurado, y por lo tanto se podrían clasificar como datos semiestructurados. Las etiquetas en forma de metadatos, que en esencia

son referencias descriptivas, pueden emplearse para
añadir cierta estructura a datos no estructurados. Al
añadir una palabra como etiqueta a una imagen col-
gada en un sitio de Internet, esta se torna identificable
y más accesible a las búsquedas. Los datos semiestructurados aparecen también en las redes sociales, donde
se utilizan etiquetas (*hashtags*) que permiten identificar qué mensajes (que son datos no estructurados)
tratan sobre un tema determinado. El tratamiento de
datos no estructurados supone un desafío: no se pueden almacenar al estilo tradicional en bases de datos
u hojas de cálculo, así que hay que desarrollar herramientas especiales para extraer información útil. En
capítulos posteriores se abordarán los métodos de almacenamiento de datos no estructurados.

El término *estallido de datos* con el que se abre este
capítulo hace referencia a los inmensos y crecientes
volúmenes de datos que se generan cada minuto, tanto estructurados como no estructurados y semiestructurados. Consideremos ahora algunas de las múltiples
y variadas fuentes que producen estos datos.

Introducción a los datos masivos

Durante la búsqueda de materiales para elaborar este
libro quedé abrumado por el gigantesco volumen de
datos que inunda la Red, desde páginas de Internet
a revistas científicas o libros electrónicos. Un estudio
global elaborado por IBM concluye que cada día se
generan unos 2,5 *exabytes* (Eb). Un Eb equivale a 10^{18}
(un uno seguido de dieciocho ceros) *bytes* (o sea, un
millón de *terabytes* –Tb–, consúltese la tabla de las unidades de medida de *bytes* de los datos masivos al fi-

nal del libro). En el momento de escribir este libro, la capacidad de almacenamiento habitual de los discos duros de las computadoras portátiles asciende a entre 1 y 2 Tb. El sentido original del término *datos masivos*, o *big data*, tan solo hacía referencia a las cantidades enormes de datos que se producen en la era digital. Estos volúmenes de datos, tanto estructurados como no estructurados, incluyen todo el tráfico generado en la Red por el correo electrónico, las páginas de Internet y las redes sociales.

Alrededor del 80 % de los datos globales son no estructurados y aparecen en forma de texto, fotos e imágenes, lo que los torna inadecuados para los métodos tradicionales de análisis de datos estructurados. En la actualidad, con *datos masivos* nos referimos no solo al volumen de datos generados y almacenados en formato electrónico, sino también a conjuntos de datos específicos que poseen al mismo tiempo tamaños y complejidades tan elevados que se requieren técnicas algorítmicas nuevas para extraer de ellos información útil. Estos conjuntos de datos proceden de fuentes variadas, así que echemos un vistazo más detallado a algunas de ellas y a los datos que generan.

Datos de motores de búsqueda

Google era, con diferencia, el motor de búsquedas de Internet más utilizado en todo el mundo en el año 2015, con Bing (de Microsoft) y Yahoo Search en el segundo y tercer puestos, respectivamente. El año más reciente para el que existen datos públicos es 2012, y estos revelan que entonces se efectuaban más de 3.500 millones de búsquedas diarias tan solo en Google.

Al introducir una consulta en un motor de búsqueda se genera una lista de los sitios de Internet más relevantes, pero a la vez se recopila una cantidad considerable de datos. El rastreo de sitios en Internet produce datos masivos. A modo de prueba, busqué «border collie» (la raza de perros) y accedí al primer enlace que obtuve como respuesta. Gracias a algunos programas básicos de rastreo, descubrí que el simple hecho de pulsar en ese enlace que conduce a un solo sitio de Internet indujo sesenta y siete conexiones adicionales por parte de terceros. Las empresas comerciales comparten información de este modo con el fin de averiguar los intereses de quienes acceden a los sitios de Internet.

Cada vez que se utiliza un motor de búsqueda se producen registros en los que consta a qué direcciones recomendadas se accede. Estos registros contienen información útil, como el término de búsqueda utilizado, la dirección IP del dispositivo empleado, en qué instante se efectuó la consulta, cuánto tiempo se permanece en cada sitio y en qué orden se pulsan los enlaces. Todo esto se anota sin identificar el nombre de la persona usuaria. Además, los registros de las secuencias de clics *(clickstream)* anotan la ruta seguida a lo largo de la visita a los distintos sitios de Internet, así como el recorrido que se realiza en el interior de cada uno de los sitios. Cada golpe de ratón que se efectúa al navegar por la Red queda registrado para su uso futuro. Hay programas a disposición de las empresas que permiten recopilar los datos de las *cliskstream* generadas en sus propias páginas, lo que constituye una herramienta comercial valiosa. Por ejemplo, los datos registrados sobre el uso del sistema facilitan la detección de actividades maliciosas, como suplantaciones de identidad. Los registros se emplean también para evaluar la efectividad de los anuncios en la Red, esencialmente a través del recuento del número de veces que el público de una página pulsa en el enlace publicitario.

Las *cookies* permiten identificar al usuario y personalizar la navegación. Cuando se visita por primera vez una página, si las *cookies* no están bloqueadas, el sitio de Internet envía a la computadora del usuario un pequeño archivo de texto que contiene un identificador de la propia página y otro del usuario. Al regresar a la página, la *cookie* manda un mensaje al sitio de Internet y, de este modo, sigue el rastro de las visitas. Como veremos en el capítulo seis, las *cookies* se suelen utilizar para registrar datos de *clickstream* con la finalidad de inferir las preferencias del usuario o de enviarle publicidad personalizada.

Las redes sociales también generan cantidades ingentes de datos, donde Facebook y Twitter ocupan los primeros puestos de la lista. A mediados de 2016, Facebook contó con un promedio de 1.710 millones de usuarios activos cada mes, todos los cuales generaban datos que ascendían a alrededor de 1,5 *petabytes* (Pb, o 1.000 Tb) de registros por día. A YouTube, la famosa página para compartir vídeos, le correspondía una parte significativa de este impacto desde que empezó a funcionar en 2005, y una nota de prensa reciente de esta compañía le atribuye más de mil millones de usuarios en todo el mundo. Los valiosos datos producidos por los motores de búsqueda y las redes sociales se pueden utilizar en muchas otras áreas como, por ejemplo, en asuntos relacionados con la salud.

Datos médicos

La sanidad es un área que afecta a un porcentaje grande y creciente de la población mundial, y que cada vez se encuentra más informatizada. Los expedientes médicos electrónicos se van convirtiendo en la norma en los hospitales y las consultas de los facultativos, con el fin primordial de facilitar que los centros médicos y los especialistas compartan datos de los pacientes, lo que redunda en un servicio de asistencia sanitaria mejor. La recopilación de datos personales mediante sensores portables o implantables está en alza, sobre todo para monitorizar el estado de salud, y muchas personas utilizan monitores de parámetros médicos de distinta complejidad que producen como salida más categorías de datos. Ahora es posible seguir a distancia la salud de un paciente en tiempo real registrando datos de presión sanguínea, ritmo cardíaco y temperatura, lo que puede reducir los gastos sanitarios y mejorar la calidad de vida. Estos dispositivos de monitorización remota son cada vez más sofisticados y ya van más allá de los parámetros básicos, pues llegan a incluir el seguimiento de los patrones de sueño o las tasas de saturación del oxígeno arterial.

Hay empresas que ofrecen incentivos a los trabajadores para que usen dispositivos portátiles para medir la forma física con la finalidad de lograr ciertos objetivos, como bajar de peso o dar un determinado número de pasos al día. A cambio de recibir el aparato, el empleado acepta compartir los datos con la compañía. Esto puede parecer razonable, pero implica cuestiones de privacidad que no hay más remedio que tomar en consideración, aparte de la presión indeseada a la que podrían verse sometidas algunas personas a la hora de decidir si participar o no en algo así.

Cada vez son más frecuentes otras formas de control de los trabajadores, como monitorizar todas las acciones que realicen los empleados con las computadoras y teléfonos inteligentes aportados por la empresa. Si se usan los programas adecuados, este seguimiento puede incluirlo todo, desde las direcciones de las páginas visitadas en Internet hasta el registro de cada pulsación de teclas, o comprobar si el ordenador se utiliza para fines privados, como participar en redes sociales. En la era de las filtraciones masivas de datos, la seguridad se convierte en una preocupación acuciante y, por tanto, estos datos corporativos deben estar protegidos. Monitorizar los mensajes electrónicos y trazar la navegación en la Red son solo dos maneras de restringir el robo de material sensible.

Como hemos visto, es posible obtener datos sanitarios personales mediante sensores como los dispositivos de uso deportivo u otros de monitorización médica. Pero muchos de los datos que se recopilan mediante sensores son de uso médico muy especializado. Algunos de los mayores almacenes de datos que existen hoy día los generan la investigación genética y la secuenciación del genoma de una multitud de especies. La estructura de la molécula del ácido desoxirribonucleico (ADN) es bien conocida porque contiene las instrucciones genéticas para el funcionamiento de los organismos vivos, y su forma de doble hélice fue descrita por primera vez por James Watson y Francis Crick en 1953. Uno de los proyectos de investigación más conocidos por el público durante los últimos años fue el proyecto internacional del genoma humano, que analiza la secuencia, o el orden exacto, de los tres mil millones de pares de bases que contiene el ADN humano. Como resultado, estos datos están sirviendo de ayuda a los equipos de investigación que estudian enfermedades genéticas.

Datos en tiempo real

Hay datos que se recopilan, procesan y utilizan en tiempo real. El incremento de la potencia de cálculo de las computadoras ha permitido aumentar la capacidad tanto de procesar como de generar con rapidez este tipo de datos. Se trata de sistemas en los que resulta crucial el tiempo de reacción, lo que exige procesar los datos sobre la marcha. Por ejemplo, los sistemas de posicionamiento global como el GPS utilizan una serie de satélites para rastrear la Tierra y enviar cantidades enormes de datos en tiempo real. Un dispositivo receptor de GPS, como el que puede haber en un coche particular o en un teléfono inteligente (donde «inteligente» alude a un artilugio, en este caso un teléfono, con acceso a Internet y con la capacidad de proporcionar cierto número de servicios a través de aplicaciones –apps– que pueden interaccionar entre sí), procesa las señales de los satélites y calcula la posición, la hora y la velocidad.

Esta tecnología se utiliza ahora para producir vehículos autónomos, sin conductor. Ya están funcionando en áreas restringidas y especializadas, como fábricas o granjas, y hay cierto número de fabricantes de peso implicados en su desarrollo, incluidos Volvo, Tesla o Nissan. Los sensores y los programas informáticos involucrados deben procesar los datos en tiempo real para conducir el vehículo de manera fiable hasta el destino y controlar su movimiento en relación con el resto de usuarios de la vía. Esto requiere la construcción previa de mapas tridimensionales de las rutas que se vayan a realizar, porque los sensores no pueden abordar aún recorridos que no estén cartografiados de antemano. Se emplean sistemas de radar para monitorizar el tráfico y enviar los datos a una computadora central ejecutiva exterior que controla el vehículo. Los sensores tienen que estar programados para detectar formas y distinguir, por ejemplo, entre una niña que irrumpe corriendo en la carretera y un periódico que se cruza en el camino arrastrado por el viento. También deben detectar los despliegues de equipos de emergencia que aparecen tras un accidente. Sin embargo, estos vehículos todavía carecen de la capacidad de reaccionar de manera adecuada ante todos los problemas que pueden surgir en un entorno en cambio permanente.

En 2016 se produjo el primer accidente mortal en el que estuvo implicado un vehículo autónomo, cuando ni el conductor ni el piloto automático reaccionaron ante un camión que se interpuso en la trayectoria del coche, de manera que los frenos no actuaron. Tesla, empresa constructora del vehículo autónomo, emitió en junio de 2016 una nota de prensa en la que hacía referencia a las «circunstancias extremadamente excepcionales en las que se produjo el impacto». El piloto automático avisa a los conductores de que deben mantener las manos sobre el volante en todo momento, y hasta comprueba que sea así. Tesla sostiene que esta fue la primera víctima mortal en la que estuvo implicado su sistema de piloto automático en doscientos millones de kilómetros de conducción, lo que contrasta con el índice de una muerte cada 150 millones de kilómetros que se atribuye a la conducción convencional, no autónoma, en Estados Unidos.

Se ha estimado que cada coche autónomo generará en promedio unos 30 Tb de datos al día, la mayoría de los cuales tendrán que ser procesados de manera casi instantánea. Se confía en que los medios necesarios para manejar este gran problema específico de datos masivos los aporte la nueva área de investigación denominada *análisis de datos en tiempo real (streaming analytics)* mediante sistemas que vayan más allá de los métodos tradicionales estadísticos y de procesamiento de datos.

Datos astronómicos

Un informe de la International Data Corporation de abril de 2014 estimaba que, hacia el año 2020, el universo digital constará de 44 billones de *gigabytes* (Gb; o 1.000 *megabytes* –Mb–), lo que viene a ser diez veces su volumen en 2013. Los telescopios generan una cantidad de datos que va al alza. Por ejemplo, el Very Large Telescope, sito en Chile, es un telescopio óptico que en realidad consta de cuatro telescopios, cada uno de los cuales produce una cantidad enorme de datos: 15 Tb por noche. Esta es la avanzadilla del Large Synoptic Survey, un proyecto de diez años que producirá mapas sucesivos del cielo nocturno con un total de datos que ascenderá a 60 Pb (2^{50} *bytes*).

El Square Kilometer Array (SKA), un radiotelescopio que se está construyendo en Australia y Sudáfrica, tiene previsto el inicio de operaciones en 2018 y será aún mayor en términos de producción de datos. Generará 160 Tb de datos brutos por segundo en sus comienzos, y todavía más a medida que se vayan completando fases sucesivas. No todos estos datos quedarán almacenados, pero, aun así, para analizar los datos que sí se guarden se necesitarán supercomputadoras repartidas por todo el mundo.

¿Para qué sirven estos datos?

En la actualidad es casi imposible participar en cualquier actividad en el transcurso de la cual no queden registros electrónicos de algunos datos personales. Las cajas de pago en los supermercados guardan datos acerca de lo que compramos, cuando adquirimos billetes de avión las líneas aéreas reúnen información sobre nuestros planes de viaje, y los bancos almacenan nuestros datos financieros.

Los datos masivos se usan ampliamente en el comercio y la medicina, y encuentran aplicaciones en derecho, sociología, publicidad, sanidad y en todas las áreas de las ciencias naturales. Los datos, en todas sus formas, poseen el potencial de proporcionar un caudal de información útil siempre que se logre desarrollar el modo de extraerla. Las técnicas nuevas combinan la estadística tradicional con la informática y hacen cada vez más viable el análisis de grandes volúmenes de datos. Estas técnicas y algoritmos, desarrollados por especialistas en estadística e informática, buscan patrones en los datos. La clave del éxito en análisis de datos masivos radica en determinar qué patrones son los relevantes. El advenimiento de la era digital conlleva unos cambios que alteran de un modo sustancial la manera de recopilar los datos, almacenarlos y analizarlos. La revolución del *big data* nos ha traído los automóviles inteligentes y la domótica.

La capacidad de recopilar datos por medios electrónicos condujo a la aparición del apasionante campo de estudio de la ciencia de datos, que aúna la estadística y la informática para analizar estas grandes cantidades de datos y así alcanzar conocimientos nuevos aplicables en áreas interdisciplinares. La finalidad definitiva del manejo de datos masivos consiste en extraer información útil. La toma de decisiones empresariales, por ejemplo, se basa cada vez más en información cribada de datos masivos, y hay grandes expectativas en esta línea. Pero surgen problemas importantes entre los cuales ocupa un lugar destacado la escasez de especialistas en tratamiento de datos con la formación adecuada para desarrollar y poner en funcionamiento de manera eficaz los sistemas necesarios para extraer la información deseada.

Los nuevos métodos que se derivan de la estadística, la informática y la inteligencia artificial, están permitiendo el diseño de algoritmos que aportan revelaciones nuevas y avances científicos. Por ejemplo, aunque no se pueda predecir con exactitud dónde y cuándo se producirá un terremoto, hay una cantidad cada vez mayor de instituciones que utilizan datos recopilados mediante satélites y sensores en superficie para monitorizar la actividad sísmica. El objetivo consiste en determinar de manera aproximada dónde es *probable* que ocurran terremotos intensos a largo plazo. Por ejemplo, el Servicio Geológico de Estados Unidos (USGS), un peso pesado en investigación sísmica, estimó en 2016 que «hay un 76 % de probabilidad de que se produzca un terremoto de magnitud 7 en el norte de California durante los próximos 30 años».

Las probabilidades de este tipo ayudan a orientar los recursos hacia medidas tales como el refuerzo de los edificios para la resistencia sísmica, o la aplicación en la zona de programas de gestión de catástrofes. En esta y en otras áreas hay empresas que trabajan con datos masivos para proporcionar métodos de predicción mejorados que no estaban disponibles antes de la era del *big data*. Pero veamos qué tienen de especial los datos masivos.

2
¿Qué tienen de especial los datos masivos?

El gran volumen de datos no es algo que haya ocurrido sin más, sino que está muy vinculado al desarrollo de la informática. El veloz ritmo de crecimiento de la potencia de cálculo y de almacenamiento de las computadoras conllevó una acumulación de datos cada vez mayor y, con independencia de quién acuñara el término, la expresión *big data* hacía referencia, en un principio, a la cuestión del tamaño. Pero lo cierto es que no se pueden definir los datos masivos tan solo en términos de cuántos Pb, o incluso Eb, se producen y almacenan. Aun así, un recurso útil para hablar sobre los datos masivos resultantes de esta explosión de información lo ofrece la expresión *datos no masivos*, o *small data*, aunque su empleo no está generalizado en estadística. Los grandes volúmenes de datos son sin duda enormes y complejos, pero para ofrecer una definición de *big data* lo primero que necesitamos es comprender los datos no masivos y su función en análisis estadístico.

Datos masivos y no masivos

Ronald Fisher, ampliamente reconocido en la actualidad como el fundador de la estadística moderna como disciplina académica rigurosa, llegó a la Estación Experimental Agrícola de Rothamsted, en el Reino Unido, en 1919 para trabajar en el análisis de datos relacionados con cultivos. Los experimentos clásicos de campo llevados a cabo en Rothamsted vienen generando datos desde la década de 1840, incluidos los referentes al trigo de invierno y a la cebada de primavera, así como datos meteorológicos tomados en la estación de campo. Fisher puso en marcha el proyecto Broadbalk, centrado en el estudio de los efectos de diferentes fertilizantes sobre el trigo, una iniciativa que sigue vigente hoy en día.

Fisher se dio cuenta del laberinto de datos en el que se estaba sumiendo y describió su trabajo inicial con la conocida expresión «pasar el rastrillo al montón de estiércol». Sin embargo, logró dar sentido a los datos a través del estudio meticuloso de los resultados experimentales, que se anotaban con sumo cuidado en libretas encuadernadas en piel. Fisher trabajaba sujeto a las limitaciones de su época, sin la tecnología actual de computadoras y con la única ayuda de una máquina calculadora mecánica, y así ejecutó sus cálculos sobre setenta años de datos acumulados. Esta máquina calculadora era conocida como The Millionaire («La Millonaria») y funcionaba con un sistema muy tedioso accionado mediante una manivela. Era un aparato innovador por aquel entonces, puesto que se trataba de la primera calculadora comercial que permitía efectuar multiplicaciones. Fisher realizó un trabajo intensivo de cálculo en el que The Millionaire desempeñaba un papel protagonista al permitir resolver las numerosas operaciones necesarias, algo que una computadora moderna ejecutaría en unos segundos.

Aunque Fisher cotejó y analizó muchos datos, su material no podría considerarse ingente hoy en día, y sin lugar a dudas no entraría en la categoría de «datos masivos». La clave del trabajo de Fisher estaba en el empleo de experimentos definidos con precisión y controlados con el máximo cuidado, diseñados para generar series de datos de muestra altamente estructurados y sin sesgos. Esto era esencial porque los métodos estadísticos disponibles en la época solo podían aplicarse a datos estructurados. De hecho, estas valiosas técnicas aún constituyen los cimientos para el análisis de pequeños conjuntos de datos estructurados. Sin embargo, no cabe aplicar las mismas técnicas a las cantidades ingentes de datos que obtenemos hoy día a través de la inmensa variedad de fuentes digitales a las que tenemos acceso.

Definición de *datos masivos*

En la era digital ya no dependemos por completo de la extracción de muestras, porque con bastante frecuencia se puede recopilar la totalidad de los datos necesarios sobre poblaciones enteras. Pero el tamaño de estos volúmenes de datos cada vez mayores no basta por sí solo para definir el término *datos masivos*, o *big data*, porque cualquier definición debe incorporar también el concepto de *complejidad*. Ya no tratamos con muestras cuidadosamente construidas de datos no masivos, o *small data*, sino con cantidades enormes de datos que no se han extraído teniendo presente ninguna pregunta concreta, y que no suelen estar estructurados. Doug Laney intentó en 2001 caracterizar los rasgos fundamentales de los datos masivos y, en busca de una definición, propuso «las tres uves»: volumen, variedad, velocidad. La consideración de cada uno de estos rasgos permite hacerse una idea más acertada sobre el significado de *datos masivos*.

Volumen

Con *volumen* nos referimos a la cantidad de datos electrónicos que se recopilan y almacenan, la cual crece a un ritmo cada vez mayor. Los datos masivos son masivos, pero ¿cuánto? No costaría mucho dar un tamaño concreto y tomarlo como referencia de «masivo» en este contexto, pero ocurre que lo que se consideraba «masivo» hace diez años ya no lo es según los patrones actuales. La captación de datos crece a un ritmo tal que es inevitable que cualquier límite que se fije caduque pronto. La compañía IBM y la Universidad de Oxford publicaron en 2012 los resultados de su estudio sobre datos masivos (Big Data Work Survey). Este estudio internacional reunió a 1.144 profesionales de 95 países distintos. La mitad de estas personas consideraba grandes los conjuntos de datos entre 1 Tb y 1 Pb, mientras que un tercio de los encuestados optó por el «no sabe». El estudio solicitaba elegir una o dos características definitorias de los datos masivos de entre un abanico de ocho, y solo un 10 % votó por «grandes volúmenes de datos», en tanto que la opción más elegida fue «con un gran potencial de información», marcada por un 18 %. Otro motivo por el que no se puede establecer un límite basado tan solo en el tamaño radica en que hay otros factores que cambian con el tiempo y afectan a la percepción del volumen, como los modos de almacenamiento o el tipo de datos recopilados. Por supuesto, existen conjuntos de datos que son ingentes, entre los que se incluyen, por ejemplo, los que genera el Gran Colisionador de Hadrones del CERN, el mayor acelerador de partículas del mundo, en funcionamiento desde 2008, y en el que se procesan 25 Pb de datos cada año, y esto incluso después de haber extraído tan solo un 1 % del total de datos producidos. En términos generales se puede afirmar que el criterio del volumen se cumple si el conjunto de datos es tal que no resulta viable reunirlo, almacenarlo y analizarlo por medio de los métodos estadísticos e informáticos tradicionales. Los datos procedentes de sensores, como los del Gran Colisionador de Hadrones, conforman tan solo uno de los tipos de datos masivos, así que consideremos algunos de los demás.

Variedad

Es frecuente utilizar los términos *Internet* y *la Red* de manera intercambiable, pero en realidad se refieren a cosas distintas. Internet es una red de redes en las que se integran computadoras, redes de computadoras, redes de área local (LAN), satélites y teléfonos móviles, aparte de otros dispositivos electrónicos, todos ellos enlazados y capaces de enviarse paquetes de datos entre sí, lo cual realizan mediante una dirección IP (Internet Protocol). La Red, o World Wide Web (www), tal y como la describe su inventor, es «un sistema de información global» que recurre al acceso a Internet para que cualquier persona con una computadora y una conexión se pueda comunicar con el resto de usuarios mediante recursos como el correo

41

electrónico, la mensajería electrónica, las redes sociales o el intercambio de texto. Al suscribirse a un proveedor de servicios de Internet se obtiene conexión a Internet y acceso a la Red y a muchos otros servicios.

La conexión a la Red permite acceder a un conjunto caótico de datos procedentes de fuentes tanto fiables como sospechosas, y muy dadas a la redundancia y a los errores. Este panorama dista mucho de los datos limpios y precisos requeridos por la estadística tradicional. En la Red se pueden obtener datos estructurados, no estructurados o semiestructurados, lo que da lugar a una variedad significativa (por ejemplo, documentos no estructurados elaborados con procesadores de texto, artículos colgados en redes sociales u hojas de cálculo semiestructuradas), pero la mayoría de los datos masivos procedentes de la Red son no estructurados. La comunidad mundial de Twitter, por ejemplo, publica unos 500 millones de mensajes de 140 caracteres, o *tweets*, cada día. Estos mensajes breves tienen valor comercial y se suelen analizar dependiendo de si expresan sensaciones positivas, negativas o neutras. La nueva área del análisis de sentimientos requiere técnicas desarrolladas de manera específica, algo que solo puede lograrse con eficacia si se trabaja con las herramientas de análisis orientadas a datos masivos. La variedad de datos recopilados por hospitales, ejércitos y muchas empresas comerciales para los fines más diversos se puede clasificar, en definitiva, en las categorías de estructurados, no estructurados o semiestructurados.

Velocidad

Los datos fluyen continuamente desde fuentes tales como la Red, los teléfonos inteligentes o los sensores. La velocidad está vinculada de manera necesaria al volumen: cuanto mayor es la rapidez con que se generan datos, más cantidad hay. Por ejemplo, los mensajes que se tornan virales en redes sociales se transmiten de un modo que se describe como *efecto bola de nieve*: yo cuelgo algo en una red social, mis amigos lo ven y lo comparten con los suyos, y así sucesivamente. Esos mensajes se difunden por el mundo muy deprisa.

La velocidad hace referencia a la rapidez con la que los datos se procesan electrónicamente. Por ejemplo, los datos procedentes de sensores como los que se producen en un vehículo autónomo tienen que generarse, a la fuerza, en tiempo real. Si se aspira a que el coche sea fiable, esos datos que se envían a un nodo central de manera inalámbrica deben analizarse muy rápido para que las instrucciones necesarias vuelvan al vehículo a tiempo.

La variabilidad puede considerarse una dimensión adicional del concepto de velocidad si nos remitimos a los ritmos cambiantes en el flujo de datos, como, por ejemplo, los incrementos notables del tráfico de información en horas punta. Este rasgo resulta significativo porque los sistemas de ordenadores tienden a fallar más durante estos episodios.

Veracidad

A las tres uves originales de Laney podríamos añadir una cuarta: «veracidad». La veracidad hace referencia a la calidad de los datos recopilados. Los datos precisos y fiables eran la seña de identidad del análisis estadístico en el siglo pasado. Fisher y otros se esforzaron por construir métodos para encapsular ambos conceptos, pero los datos que se producen en la era digital suelen carecer de estructura y acostumbran a recopilarse no ya sin diseño experimental previo, sino, de hecho, sin la menor idea de para qué cuestiones podrían resultar útiles. Aun así se intenta extraer información de este revoltijo. Tomemos como ejemplo los datos que se generan en las redes sociales. Son datos por naturaleza imprecisos, inciertos, y, con frecuencia, la información que circula simplemente no es verdadera. ¿Cómo confiar en que estos datos conduzcan a resultados con sentido? El volumen puede ayudar a soslayar estas dificultades, del mismo modo descrito en el capítulo 1 cuando Tucídides narraba que las fuerzas plateas implicaron al mayor número posible de soldados en el recuento de los ladrillos para incrementar las posibilidades de acercarse al valor correcto de la altura de la muralla que querían escalar. Sin embargo, ahora debemos actuar con más cautela, ya que la teoría estadística nos enseña que un volumen mayor podría conducir al resultado contrario, en tanto que, cuando se dispone de suficientes datos, es posible encontrar cualquier tipo de correlación espuria.

Visualización y otras «uves»

A la hora de definir los datos masivos se ha puesto de moda que cada alternativa propuesta juegue a continuar la lista de Laney e incorpore a esta conceptos que empiecen por uve, como, por ejemplo, «vulnerabilidad» o «viabilidad». Tal vez los añadidos más relevantes sean «valor» y «visualización». El valor suele hacer referencia a la calidad de los resultados que se extraen del análisis de datos masivos. También se utiliza para describir la venta de datos por parte de compañías comerciales a otras que los procesan con sus propios métodos, y este suele ser el uso del término cuando aparece en contextos relacionados con el mundo del comercio de datos.

La visualización no es un rasgo característico de los datos masivos, pero sí es importante para la presentación y comunicación de los resultados de su análisis. Las conocidas gráficas de sectores o de barras que sirven para comprender conjuntos pequeños de datos se han adaptado para facilitar la interpretación visual de datos masivos, pero su aplicación es limitada. Las infografías, por ejemplo, brindan representaciones más complejas, pero son de carácter estático. Como el flujo de datos masivos no se detiene, las mejores representaciones son interactivas para el usuario, y el productor las actualiza con regularidad. Por ejemplo, al usar sistemas de posicionamiento global para planificar un recorrido en automóvil se accede a una gráfica extremadamente interactiva que se basa en datos de satélite para rastrear nuestra posición.

En conjunto, las cuatro características esenciales del *big data* (el volumen, la variedad, la velocidad y la veracidad) plantean un desafío considerable para la gestión de los datos. Las ventajas que esperamos obtener superando este desafío y los interrogantes que aspiramos a esclarecer con los datos masivos se entienden mejor a través de la minería de datos.

Minería de datos masivos

«Los datos son el nuevo petróleo.» Esta frase, que tanto circula entre directivos de la industria, el comercio y la política, se suele atribuir a Clive Humby en 2006, el inventor de la tarjeta de fidelización de clientes Tesco. La frase es pegadiza y sugiere que los datos, como el petróleo, poseen un gran valor, pero hay que procesarlos antes de que ese valor se materialice. Los comerciales de las empresas proveedoras de sistemas de análisis de datos fueron los primeros en utilizar esta expresión en una táctica que pretendía vender sus productos convenciendo a las otras compañías de que los datos masivos son el futuro. Y puede que así sea, pero la metáfora no va mucho más allá. Cuando se encuentra petróleo se tiene un bien esencial comercializable. No ocurre lo mismo con los datos masivos porque, a no ser que se disponga de los datos correctos, lo que se produzca con ellos carecerá de valor. La propiedad es un aspecto que hay que considerar, así como la privacidad, y, a diferencia de lo que ocurre con el petróleo, los datos no parecen ser un recurso agotable. Aun así, si se amplía la metáfora industrial de manera un poco laxa, la minería de datos masivos consistiría en la extracción de información útil y valiosa a partir de grandes conjuntos de datos.

Los métodos y algoritmos de minería de datos y de aprendizaje automático permiten detectar patrones extraños y anomalías en los datos, y no solo eso, sino también predecirlos. Para extraer este tipo de conocimiento de grandes volúmenes de datos hay que utilizar técnicas de aprendizaje automático, sean estas de carácter supervisado o no supervisado. El aprendizaje automático supervisado se puede comparar más o menos con el aprendizaje humano a partir de ejemplos. Se usan datos de entrenamiento en los que se marcan los ejemplos correctos, y así el programa informático desarrolla reglas o algoritmos que le permiten clasificar otros ejemplos. El resultado de ese algoritmo se comprueba mediante los datos de entrenamiento. En cambio, el aprendizaje automático no supervisado recurre a datos de entrada no marcados y no se le asigna ningún objetivo concreto: está diseñado para analizar los datos y hallar en ellos patrones ocultos.

Tomemos como ejemplo la detección de fraudes en el uso de tarjetas bancarias y veamos cómo funciona en este caso cada uno de los dos métodos.

Detección de fraudes con tarjetas bancarias

Se dedican grandes esfuerzos a la detección y prevención de los fraudes con tarjetas bancarias. Si usted ha tenido la mala fortuna de recibir una llamada de su oficina de detección de fraudes con tarjetas, quizá se esté preguntando cómo se supo que aquella compra realizada con su tarjeta podía ser fraudulenta. Se efectúa tal número de transacciones con tarjeta que ya no es viable que haya personas dedicadas a comprobarlas por medio de las técnicas tradicionales de tratamiento de datos, y por eso se tornan cada vez más necesarios los métodos derivados del análisis de datos masivos. Es comprensible que las entidades bancarias no estén muy dispuestas a compartir los detalles de sus sistemas de detección de fraude porque, en caso de hacerlo, estarían dando a los ciberdelincuentes la información que necesitan para burlarlos. A pesar de ello, incluso algunas pinceladas a grandes rasgos resultan muy interesantes.

Caben varias situaciones posibles, pero consideremos el caso de una persona física a la que le han sustraído una tarjeta que luego ha sido utilizada junto con alguna otra información robada, como el número secreto (PIN, *Personal Identification Number*). Si la tarjeta presenta un incremento brusco de gastos, la entidad emisora de la tarjeta detectará con facilidad el fraude. Lo más frecuente es que los delincuentes usen primero la tarjeta robada para realizar una «transacción de prueba» con la adquisición de algún artículo de bajo precio. Si esta acción no despierta sospechas, entonces la tarjeta se utiliza para gastar un importe mayor. Tales operaciones podrían ser fraudulentas o no, porque tal vez el titular legal de la tarjeta compró algo que se salga de su patrón habitual de consumo, o quizá simplemente gastó más ese mes. ¿Cómo detectar las operaciones fraudulentas? Veamos primero una técnica no supervisada denominada *análisis de cúmulos*, y cómo se aplica en este contexto.

Cúmulos

Los métodos de análisis de cúmulos o análisis de grupos *(cluster analysis, clustering)* se basan en algoritmos de inteligencia artificial y se pueden emplear para detectar anomalías en los hábitos de consumo de un comprador. Vamos en busca de patrones en los datos de operaciones y queremos detectar cualquier detalle anómalo o sospechoso que luego podría revelarse fraudulento, o no.

Las empresas de tarjetas de crédito recopilan muchos datos y los utilizan para construir perfiles que muestran el comportamiento de consumo de sus clientes. A continuación se aplican métodos electrónicos que identifican los grupos o cúmulos de perfiles que muestran propiedades parecidas mediante programas *iterativos* (es decir, procesos que se repiten hasta alcanzar un resultado). Por ejemplo, podrían aparecer cúmulos definidos a base de cuentas bancarias con volúmenes de gasto característicos, o por lugares de compra concretos, o caracterizados por un límite máximo del valor de compra, o por el tipo de artículos adquiridos.

Los datos que recopilan las entidades emisoras de tarjetas de crédito no llevan ninguna etiqueta que distinga las operaciones legales de las fraudulentas. Nuestro objetivo consiste en tomar estos datos como entrada y aplicarles un algoritmo adecuado que clasifique las transacciones en categorías. Para ello hay que hallar grupos, o cúmulos, de datos afines dentro del material de entrada. Así, por ejemplo, podríamos agregar los datos por el importe, el lugar donde se realizó el cargo, el tipo de compra o la edad del titular. Para cada operación nueva se calcula la identificación de los cúmulos a los que corresponde y, si estos difieren de los cúmulos asignados previamente a esa persona, se considera sospechosa. Incluso en el caso de que caiga dentro de un cúmulo habitual, el hecho de que se localice lejos del centro del grupo puede hacer saltar las alarmas.

Supongamos, por ejemplo, que una abuela de 83 años que vive en Pontevedra compra un automóvil deportivo impresionante. Esta adquisición podría considerarse anómala si no se integrara en los cúmulos habituales de su patrón de consumo, como, por ejemplo, gastos en carnicería o visitas a la peluquería. Cualquier cosa que se salga de lo habitual, como esta operación, merece un estudio más detallado que suele empezar contactando con la persona titular de la tarjeta. La figura 1 muestra un ejemplo muy simple de diagrama de cúmulos que ilustra esta situación.

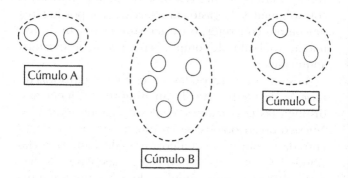

Figura 1. Un diagrama de cúmulos.

El cúmulo B agrega los gastos mensuales habituales de la abuela junto con los de otras personas que siguen un patrón de consumo similar. Ahora bien, hay circunstancias en las que se incrementan los gastos de la abuela, como, por ejemplo, cuando se va de vacaciones cada año, con compras que se incorporan a las que conforman el cúmulo C, que no dista mucho del B y, por tanto, no resulta demasiado diferente. Aun así se trata de otro cúmulo, así que ese gasto se contemplará como un movimiento de cuenta sospechoso. Pero la compra del flamante deportivo con cargo a la cuenta de la abuela sitúa el gasto en el cúmulo A, muy lejos de su cúmulo habitual, lo que hace muy poco probable que se trate de una operación legítima.

Esta situación contrasta con la que se da cuando ya se dispone de ejemplos de fraudes conocidos, lo que permite recurrir no a algoritmos de análisis de cúmulos, sino a otra técnica de minería de datos usada para la detección de fraudes: los métodos de clasificación.

Clasificación

La clasificación es una técnica basada en el aprendizaje supervisado y requiere conocer de antemano los grupos implicados. Se parte de un conjunto de datos en el que cada observación está ya etiquetada o clasificada correctamente. El total se separa en un *conjunto de entrenamiento* y un *conjunto de prueba*. El primero sirve para construir un modelo de clasificación de los datos, mientras que el segundo se utiliza para comprobar que el modelo construido es válido, lo que permite aplicarlo para clasificar las observaciones nuevas a medida que vayan llegando.

Vamos a ilustrar la clasificación construyendo un pequeño árbol de decisiones para la detección de fraudes con tarjetas bancarias.

Para ello supongamos que disponemos de datos recopilados sobre operaciones con tarjeta y que estas se han clasificado como legítimas o fraudulentas sobre la base de los historiales conocidos, como se muestra en la figura 2.

Con estos datos se puede construir el árbol de decisiones que aparece en la figura 3, y que permite a la computadora clasificar las operaciones nuevas que entren en el sistema. El objetivo consiste en llegar a una de las dos clasificaciones posibles, legítima o fraudulenta, planteando una serie de preguntas.

¿Se ha comunicado la pérdida o el robo de la tarjeta?	¿La compra es poco habitual?	¿Se ha telefoneado al titular para preguntarle si realizó la compra?	Clasificación
No	No		Transacción legítima
No	Sí	Sí	Transacción legítima
No	Sí	No	Transacción fraudulenta
Sí			Transacción fraudulenta

Figura 2. Conjunto de datos de fraude con clasificaciones conocidas.

Con estos datos se puede construir el árbol de decisiones que aparece en la figura 3, y que permite a la computadora clasificar las operaciones nuevas que entren en el sistema. El objetivo consiste en llegar a una de las dos clasificaciones posibles, legítima o fraudulenta, planteando una serie de preguntas.

Si se empieza por la parte superior de la figura 3, van apareciendo una serie de preguntas que permiten clasificar las operaciones nuevas.

Por ejemplo, si la cuenta de la señora Rodríguez indica que ella ha comunicado la pérdida o el robo de la tarjeta, entonces cualquier intento de usarla deberá considerarse fraudulento. Si no se dispone de esa información, entonces el sistema tiene que comprobar si se ha comprado algún producto poco habitual, o de un coste infrecuente, para este consumidor concreto. Si no fuera así, entonces la operación no tiene nada de extraordinario y se etiqueta como legítima. Por otra parte, si la compra fuera extraña, se da aviso por teléfono a la señora Rodríguez. Si ella confirma que realizó la compra, se concluye que es legítima, y en caso contrario, fraudulenta.

Figura 3. Árbol de decisiones para operaciones.

Hemos llegado a una definición informal de datos masivos y hemos considerado los tipos de preguntas que se pueden responder mediante minería de datos. Consideremos ahora el problema del almacenamiento de datos.

3
Almacenamiento de datos masivos

El primer sistema de discos duros fue desarrollado y comercializado por IBM en San José, California, y tenía una capacidad de almacenamiento de unos 5 Mb en cincuenta discos individuales, cada uno de 61 cm de diámetro. Esta era la tecnología punta del año 1956. Este dispositivo era físicamente masivo, pesaba más de una tonelada y formaba parte de una computadora central. Para la época del aterrizaje lunar del *Apollo 11* en 1969, el Centro de Vuelo Espacial Tripulado de la NASA en Houston utilizaba ya ordenadores centrales dotados cada uno de ellos de 8 Mb de memoria. Sorprende recordar que la computadora de a bordo del módulo lunar del *Apollo 11*, pilotado por Neil Armstrong, tenía tan solo 64 *kilobytes* (Kb) de memoria.

La tecnología informática avanzó muy rápido y cuando empezaron a proliferar las computadoras personales, en la década de 1980, los discos duros habituales en estos aparatos tenían 5 Mb, si es que iban incorporados en el equipo, lo que no sucedía siempre. Esto bastaría para guardar una o dos fotos de las que hacemos hoy día. La capacidad de almacenamiento de los ordenadores se ha incrementado a un ritmo muy veloz y, aunque el almacenamiento de los ordenadores personales no permite manejar datos masivos, ha crecido de un modo espectacular en los últimos años. Ahora se puede adquirir un PC con una unidad de disco de 8 Tb o incluso más, lo que supone guardar unas 500 horas de películas o más de 300.000 fotografías. Parece mucho hasta que se compara con los 2,5 Eb de datos nuevos que se calcula que se producen cada día.

Tras la sustitución de válvulas por transistores en la década de 1960, el número de transistores que se podían incluir en cada procesador creció muy rápido, de un modo que queda descrito más o menos por la ley de Moore, que se trata en el próximo apartado. A pesar de las predicciones que afirmaban que pronto se llegaría al límite de la miniaturización, esta ley sigue constituyendo una aproximación razonable y útil. Ahora podemos incluir miles de millones de transistores cada vez más veloces en un chip, lo que permite almacenar mayores cantidades de datos, al tiempo que los procesadores de núcleo múltiple y la programación multihilo hacen posible procesar todos esos datos.

La ley de Moore

Gordon Moore, quien más tarde se convertiría en uno de los cofundadores de Intel, emitió en 1965 la famosa predicción de que, durante los diez años siguientes, el *número* de transistores incorporados en los microprocesadores se duplicaría, aproximadamente, cada veinticuatro meses. En 1975 modificó la predicción para sugerir que lo que se doblaría a ese ritmo sería la *complejidad*. Su colega de Intel, David House, tuvo en cuenta la velocidad creciente de los transistores y propuso que las *prestaciones* de los microprocesadores se multiplicarían por dos cada dieciocho meses, y en la actualidad esta es la versión más citada de la ley de Moore. El pronóstico se ha revelado bastante preciso porque es cierto que las computadoras se han vuelto más veloces, baratas y potentes desde 1965, aunque el propio Moore opina que su «ley» dejará pronto de ser válida.

M. Mitchell Waldrop publicó en febrero de 2016 un artículo en la revista científica *Nature* donde afirmaba que el final de la ley de Moore es inminente. Los circuitos integrados responsables de ejecutar las instrucciones contenidas en los programas informáticos están en los microprocesadores, que suelen constar de miles de millones de transistores concentrados en el espacio minúsculo de una pastilla de silicio. Una puerta de cada transistor permite que se encuentre en estado activo o inactivo, lo que puede utilizarse para almacenar un cero o un uno. Cada puerta de transistor recibe una pequeña entrada de corriente eléctrica que se convierte en una corriente de salida amplificada si la puerta está cerrada. Mitchell Waldrop estudió la distancia entre esas puertas, que en la actualidad consiste en un hueco de unos catorce nanómetros en los procesadores más avanzados, y concluyó que los problemas de producción y disipación de calor que conllevarían unos circuitos más concentrados estaban dejando sin validez la ley de Moore, lo cual centra nuestra atención en los límites fundamentales a los que estamos llegando muy rápido, de acuerdo con las consideraciones de este investigador.

Un nanómetro equivale a 10^{-9} metros, es decir, una millonésima de milímetro. Pongamos esto en su contexto: un cabello humano tiene unos 75.000 nanómetros de diámetro, y un átomo mide entre 0,1 y 0,5 nanómetros. Paolo Gargini trabaja en Intel y afirma que el límite para los huecos entre puertas se halla entre dos y tres nanómetros, y se alcanzará en un futuro no muy lejano, tal vez incluso en la década de 2020. Waldrop especula con que «a esas escalas el comportamiento de los electrones quedará dominado por incertidumbres cuánticas que conferirán a los transistores una falta de fiabilidad desesperante». En el capítulo siete veremos que parece bastante probable que las computadoras cuánticas abran el camino para seguir avanzando más allá, aunque esta tecnología se encuentra aún en pañales.

La ley de Moore se aplica ahora también al ritmo de crecimiento de los datos, porque se generan unos volúmenes que parecen duplicarse más o menos cada dos años. Los datos crecen a medida que lo hace la capacidad para almacenarlos y procesarlos. Todo el mundo se beneficia de ello: Netflix, los teléfonos inteligentes, el Internet de las cosas (IoT, *Internet of Things*, un modo adecuado de referirse a las grandes cantidades de sensores electrónicos conectados a Internet) y la computación en la Nube (una red mundial de servidores interconectados), entre otras posibilidades, son viables gracias al crecimiento exponencial que predice la ley de Moore. Todos los datos generados requieren almacenamiento, así que pasemos a considerar esta cuestión.

Almacenamiento de datos estructurados

Cualquiera que use una computadora personal, un ordenador portátil o un teléfono inteligente accede a datos almacenados en un banco o base de datos. Los datos estructurados, como los extractos bancarios o las agendas electrónicas, se almacenan en bases de datos relacionales. Para manipular estos datos estructurados se emplea un sistema de gestión relacional de bases de datos que sirve para crear los datos, conservarlos, acceder a ellos y manipularlos. El primer paso consiste en diseñar el esquema de la base de datos (es decir, su estructura). Para ello hay que saber qué campos se requieren y organizarlos en tablas. Luego hay que identificar la relación entre esas tablas. Una vez hecho esto y construida la base de datos se puede rellenar con datos y acceder a ellos mediante un lenguaje de consulta estructurada (SQL, *Structured Query Language*).

Es evidente la necesidad de diseñar las tablas con sumo cuidado, porque hace falta mucho trabajo para introducir cambios posteriores. Pero al mismo tiempo conviene no subestimar la importancia del modelo relacional, que torna rápidas y fiables las aplicaciones de manejo de datos estructurados. Un aspecto fundamental del diseño de bases de datos relacionales tiene que ver con un proceso llamado *normalización*, que incluye minimizar la duplicación de datos, lo que reduce los requisitos de almacenamiento. Esto permite consultas más veloces, pero, aun así, el rendimiento de estas bases de datos tradicionales disminuye cuando crece el volumen de datos.

Se trata de un problema de escalabilidad. Las bases de datos relacionales están diseñadas para funcionar en un solo servidor, y eso las vuelve lentas y poco fiables cuando se añaden datos en grandes cantidades. El único modo de aumentar la escala consiste en incrementar la potencia de la computadora, para lo cual hay límites. Esta manera de proceder se denomina *escalabilidad vertical*. Por tanto, aunque los datos estructurados suelen almacenarse y usarse en sistemas de gestión relacional de bases de datos, cuando el volumen alcanza, digamos, los *terabytes* o *petabytes* y más allá, este enfoque deja de resultar eficaz incluso para este tipo de datos.

Las bases de datos relacionales presentan un rasgo muy importante que constituye un buen motivo para seguir usándolas, y que consiste en que reúnen este conjunto de propiedades: atomicidad, consistencia, aislamiento y durabilidad, lo que se suele resumir mediante las siglas ACID. La atomicidad garantiza que la base de datos no pueda actualizarse con operaciones incompletas. La consistencia excluye los datos no válidos. El aislamiento asegura que una operación no interfiera con otras. La durabilidad significa que la base de datos se actualiza antes de que se efectúe la siguiente. Todas estas propiedades son buenas, pero para almacenar y acceder a datos masivos, que además suelen estar no estructurados, se requiere un planteamiento distinto.

Almacenamiento de datos no estructurados

El enfoque de los sistemas de gestión relacional de bases de datos no resulta adecuado para datos no estructurados por varios motivos, entre los que se encuentra en lugar destacado la dificultad para alterar el esquema relacional de la base de datos una vez que se ha construido. Además, los datos no estructurados no se pueden organizar en filas y columnas. Ya hemos visto que los datos masivos fluyen con gran velocidad, suelen generarse en tiempo real y pueden requerir un procesado inmediato. Por eso, aunque los sistemas de gestión relacional sean ideales para muchos fines y presten unos servicios excelentes, la explosión actual de datos ha estimulado una investigación intensa en busca de técnicas nuevas de almacenamiento y gestión.

Para almacenar estos enormes conjuntos de datos se procede a distribuirlos entre varios servidores. El incremento del número de máquinas implicadas multiplica las posibilidades de que se produzcan fallos, por lo que cobra importancia disponer de varias copias idénticas y fiables de los mismos datos, de manera que cada copia esté situada en una computadora diferente. De hecho, con las cantidades colosales de datos que se procesan actualmente, el fallo de los equipos se considera inevitable, y todos los métodos de almacenamiento incorporan por defecto procedimientos para manejar estas situaciones. Pero, ¿cómo cubrir las necesidades de rapidez y fiabilidad?

El sistema de archivos distribuido Hadoop

Los sistemas de archivos distribuidos (DFS, *Distributed File System*) permiten el almacenamiento eficaz y fiable de datos masivos entre varias computadoras. El sistema DFS Hadoop lo desarrollaron Doug Cutting (que por entonces trabajaba en Yahoo) y su colega Mike Cafarella (un doctorando de la Universidad de Washington) influidos por las ideas contenidas en el artículo de investigación publicado por Google en 2003, en el que se lanzó el Sistema de Archivos de Google. Hadoop es el DFS más difundido, y forma parte de un proyecto de código abierto llamado *Ha-*

doop Ecosystem. El nombre lo tomaron del elefante de peluche amarillo del hijo de Cutting. Hadoop está escrito en un lenguaje de programación muy conocido, Java. Hadoop funciona entre bambalinas cada vez que usted usa Facebook, Twitter o eBay, por ejemplo. Hadoop permite almacenar datos tanto semiestructurados como no estructurados, y proporciona una plataforma para el análisis de esos datos.

Al usar Hadoop, los datos se reparten entre muchos nodos, a veces decenas de miles de ellos, que suelen estar situados en centros repartidos por todo el mundo. La figura 4 presenta la estructura básica de un solo cúmulo Hadoop, que consta de una computadora que funciona como máster y da nombre al nodo (NameNode) y muchos ordenadores esclavos (DataNodes).

El NameNode gestiona las peticiones de las computadoras cliente, organiza el espacio de almacenamiento y sigue el rastro del espacio disponible y la ubicación de los datos. También controla las operaciones básicas con ficheros (como su apertura o su cierre) y gobierna el acceso a los datos por parte de los clientes. Los DataNodes se encargan de almacenar los datos y, para ello, crean, borran y copian bloques cuando es necesario.

La copia de datos es un rasgo fundamental de Hadoop. En la figura 4 se ve que el bloque A está almacenado tanto en DataNode 1 como en DataNode 2. Es crucial almacenar varias copias de cada bloque porque así, si falla un DataNode, hay otros dispuestos a asumir el trabajo y proseguir con las tareas sin que se pierdan datos. El NameNode sigue el rastro de los DataNodes que fallan mediante la recepción de mensajes que envían al máster cada tres segundos, llamados *latidos (heartbeats)*. Si dejan de recibirse latidos de un

DataNode se entiende que ha dejado de funcionar. Si DataNode 1 no envía un latido, DataNode 2 pasa a convertirse en el nodo de trabajo para las operaciones que impliquen el bloque A. La situación cambia si lo que falla es el NameNode: en ese caso hay que recurrir al sistema de respaldo incorporado.

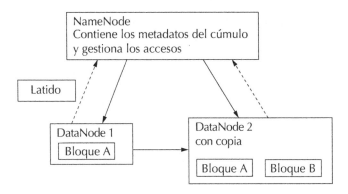

Figura 4. Esquema simplificado de parte de un cúmulo DFS Hadoop.

Los datos se graban en un DataNode concreto solo una vez, pero las aplicaciones pueden leerlos repetidamente. Cada bloque suele ocupar 64 Mb, así que hay multitud de ellos. Una de las funciones del NameNode consiste en determinar qué DataNode conviene usar dependiendo del estado actual, lo que asegura la rapidez en el acceso a los datos y su tratamiento. La computadora cliente accede entonces al bloque de datos en el DataNode elegido. El rasgo conocido como *escalabilidad horizontal* consiste en la posibilidad de añadir DataNodes a medida que el volumen creciente de datos lo requiere.

Una de las ventajas principales de Hadoop sobre las bases de datos relacionales radica en que es posible recopilar cantidades enormes de datos, se puede seguir añadiendo sobre ellos, y en el momento de hacerlo no hay por qué tener ninguna idea clara de para qué fin van a resultar útiles. Facebook, por ejemplo, usa Hadoop para almacenar su datos, en continuo crecimiento. No se pierden datos porque se guarda cualquier cosa, y siempre con el formato original. Añadir DataNodes a medida que van haciendo falta es barato y no exige cambios en los nodos preexistentes. Si un nodo antiguo se torna redundante es fácil apagarlo. Como hemos visto, los datos estructurados en filas y columnas identificadas se almacenan bien en sistemas de gestión relacional, mientras que los no estructurados se guardan con comodidad y sin grandes costes en sistemas de archivos distribuidos.

Bases de datos NoSQL para datos masivos

La expresión *NoSQL* se utiliza como nombre genérico para referirse a bases de datos no relacionales y procede del inglés *not only SQL* («no solo lenguaje de consulta estructurada»). ¿Qué necesidad hay de un modelo no relacional que no use SQL? La respuesta breve es que el modelo no relacional permite añadir datos nuevos continuamente. El manejo de datos masivos requiere algunos rasgos presentes en los modelos no relacionales, como escalabilidad, disponibilidad y prestaciones. En una base de datos relacional no se puede seguir escalando en vertical sin perder funcionalidades, mientras que con NoSQL se escala en horizontal, lo que permite mantener el nivel de prestaciones. Antes de describir la infraestructura del sistema de base de datos distribuido NoSQL y por qué se adapta bien a los datos masivos necesitamos tratar el teorema CAP.

El teorema CAP

Eric Brewer, profesor de informática de la Universidad de California en Berkeley, presentó en el año 2000 el teorema CAP, denominado así por las iniciales en inglés de los tres conceptos que relaciona: consistencia *(consistency)*, disponibilidad *(availability)* y tolerancia a la partición *(partition tolerance)*. En el contexto de un sistema de base de datos distribuido, la consistencia es el requisito de que todas las copias de los datos sean iguales en todos los nodos. En el ejemplo de la figura 4, la copia del bloque A en el DataNode 1 debe ser idéntica a la que alberga el DataNode 2. La disponibilidad implica que, si falla un nodo, haya otro dispuesto a asumir sus funciones (si el DataNode 1 cae, entonces el DataNode 2 debe continuar operativo). Los datos están distribuidos entre servidores físicamente distintos, y la comunicación entre estos aparatos puede fallar. Cuando esto sucede se dice que se ha producido una *partición de la red*. La tolerancia a la partición significa que el sistema seguirá operativo aunque esto ocurra.

En esencia, el teorema CAP afirma que cualquier sistema informático distribuido que implique compartir datos solo puede cumplir como máximo dos de esos criterios. Caben, pues, tres posibilidades: que el sistema sea consistente y disponible, que sea consistente y tolerante a partición, o que sea tolerante a partición y disponible. Obsérvese que, en un sistema de gestión relacional de bases de datos, no cabe la partición de la red, de modo que solo hay que preocuparse por la consistencia y la disponibilidad y, en efecto, tales sistemas cumplen ambos criterios. En NoSQL por fuerza hay particiones de la red, y se debe garantizar la resistencia frente a ellas, de manera que no queda más remedio que elegir entre consistencia y disponibilidad. Si se sacrifica la disponibilidad, se puede esperar hasta que se logre la consistencia. Si, por el contrario, se sacrifica la consistencia, se deduce que a veces servidores distintos pueden contener copias diferentes de los datos.

Esta situación se suele describir con unas siglas algo forzadas: BASE, que significan «básicamente disponible, flexible y consistente a largo plazo» *(Basically Available, Soft, and Eventually consistent)*. Da la impresión de que las siglas BASE se eligieron para que contrastaran con ACID, las que describen las propiedades de las bases de datos relacionales.[1] En este contexto, *flexible (soft)* hace referencia a que se relaja el requisito de consistencia. El objetivo consiste en no abandonar por completo ninguno de los criterios, sino en encontrar algún modo de optimizar los tres mediante una solución de compromiso.

La arquitectura de las bases de datos NoSQL

La denominación *NoSQL* se debe al hecho de que no es posible usar SQL para efectuar consultas en es-

---

[1] En química, ácidos y bases son sustancias antagónicas y recordemos que *acid* es la forma inglesa para «ácido». (*N. de la T.*)

tas bases de datos. Así, por ejemplo, no se pueden establecer enlaces como los mostrados en la figura 4. Hay cuatro tipos de bases de datos no relacionales, o NoSQL: de clave y valor, basadas en columnas, basadas en documentos y organizadas en grafos. Todas las modalidades son útiles para almacenar datos estructurados y semiestructurados en grandes cantidades. La variante más simple es la de clave y valor, que consiste en definir un identificador (la *clave*) y los datos asociados a esa clave (el *valor*), tal como se aprecia en la figura 5. Obsérvese que el valor puede contener varios ítems.

Por supuesto, puede haber muchos pares de clave y valor, y añadir otros nuevos o borrar los antiguos resulta sencillo, lo que permite escalar con facilidad en horizontal este tipo de bases de datos. La prestación fundamental de este método consiste en buscar el valor de una clave determinada. Por ejemplo, si uso la clave «Maruja Rodríguez», puedo localizar su dirección. Esto proporciona una solución rápida, fiable y fácil de escalar al problema de almacenar datos en grandes cantidades, pero presenta la limitación de que no existe un lenguaje para las consultas. Las bases de datos basadas en columnas o en documentos amplían el modelo de clave y valor.

Clave	Valor
Maruja Rodríguez	Dirección: calle Paxariñal 5; Pontevedra
Rafael García	Género: varón; estado civil: casado; número de hijos: 2; películas favoritas: Cenicienta; Drácula; Patton

Figura 5. Base de datos de clave y valor.

Las bases de datos organizadas en grafos siguen un modelo diferente y se aplican mucho en redes sociales, aunque también resultan útiles para fines empresariales. Los grafos suelen ser muy grandes, sobre todo los que surgen en las redes sociales. Las bases de datos de este tipo almacenan la información en forma de nodos (o vértices) y en aristas. Por ejemplo, el grafo de la figura 6 contiene cinco nodos, y las flechas que los unen representan relaciones. El grafo cambia cuando se añaden, actualizan o borran nodos.

Este ejemplo contiene nombres o departamentos en los nodos, y las aristas corresponden a las relaciones que los vinculan. Los datos se extraen del grafo a partir de las aristas. Si busco «nombres de empleados del departamento de informática con hijos a su cargo», veo que Rafael cumple ambos criterios. Obsérvese que no se trata de un grafo orientado: buscamos vínculos con independencia de su dirección.

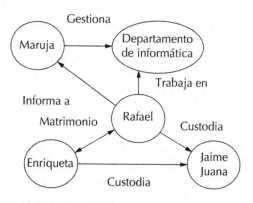

Figura 6. Base de datos organizada en grafos.

Últimamente se está abriendo paso un enfoque denominado *NewSQL* («nuevo SQL»), que combina las prestaciones de las bases de datos NoSQL con las propiedades ACID de los modelos relacionales. El objetivo de esta tecnología incipiente consiste en resolver los problemas de escalabilidad asociados al modelo relacional, de manera que se adapte mejor a los datos masivos.

Almacenamiento en la Nube

La expresión «la Nube», como otros tantos términos de la informática moderna, tiene connotaciones afables, alentadoras, seductoras y familiares, pero en realidad no es más que un modo de referirse a una red de servidores interconectados alojados en centros de datos por todo el mundo. Estos centros proporcionan los alojamientos donde almacenar datos masivos.

Diversas compañías dan acceso compartido a estos servidores remotos a través de Internet, previo pago de una cuota, para almacenar y gestionar archivos, ejecutar aplicaciones, etc. Se puede acceder a estos contenidos desde cualquier lugar siempre que se disponga de una computadora u otro dispositivo equipado con los programas necesarios para acceder a la Nube, y también se puede dar permiso a otras personas para hacerlo. Asimismo, el sistema permite usar programas instalados en la Nube, y no en el ordenador local. Así que no se trata tan solo de acceder a Internet, sino de tener los medios para almacenar y procesar información (de ahí la expresión «cálculo en la Nube»). El material personal almacenado en la Nube tal vez no sea extenso, pero globalmente el total de información llega a ser masivo.

Amazon es el proveedor principal de servicios en la Nube, pero mantiene como secreto industrial qué volumen de datos maneja. Para hacernos una idea de su importancia en el negocio de cálculo en la Nube, consideremos un incidente ocurrido en febrero de 2017, cuando el sistema de almacenamiento en la Nube de Amazon a través de la Red, llamado *S3*, se «cayó» (o sea, se interrumpió el servicio). El corte duró unas cinco horas y causó la pérdida de conexión de muchas páginas y servicios, incluidos Netflix, Expedia y la Comisión de Bolsa y Valores de Estados Unidos. Amazon informó más tarde de que la causa fue un error humano al reconocer que uno de sus empleados dejó los servidores fuera de servicio sin darse cuenta. Reiniciar unos sistemas tan complejos costó más tiempo del esperado, pero se logró con éxito. Aun así, el incidente pone de manifiesto la vulnerabilidad de Internet a fallos, se deban a errores reales o a ataques malintencionados.

Compresión de datos sin pérdidas

La prestigiosa Corporación Internacional de Datos (IDC, International Data Corporation) estimaba en 2017 que el universo digital en su conjunto abarca nada menos que 16 *zettabytes* (Zb), lo que equivale a la sobrecogedora cifra de 16×10^{21} *bytes*. En algún momento, a medida que siga creciendo el universo digital, habrá que afrontar decisiones como qué datos hay que conservar realmente, cuántas copias de ellos se deben guardar y durante cuánto tiempo. Esto entra en clara contradicción con la *raison d'être* del propio campo del *big data*, porque la purga periódica de los almacenes de datos, o su archivo definitivo, supondría un proceso costoso en sí mismo y en el que se podrían perder datos potencialmente valiosos, dado que no sabemos qué datos serán relevantes en el futuro. En cualquier caso, dada la ingente cantidad de datos que se van acumulando, la compresión se ha vuelto necesaria para maximizar el aprovechamiento del espacio de almacenaje.

La calidad de los datos recopilados por medios electrónicos es muy variada, y por eso es necesario un proceso previo que detecte y resuelva problemas de consistencia, redundancia y fiabilidad antes de proceder a un análisis de datos útil. La importancia de la consistencia salta a la vista si pretendemos fiarnos de la información extraída de los datos. En cualquier conjunto de datos resulta conveniente eliminar las repeticiones indeseadas, pero en el caso de los datos masivos ayuda además a ahorrar un espacio de almacenamiento que podría resultar vital para que los sistemas no se saturen. Los datos se someten a procesos de compresión para reducir la redundancia en archivos de vídeo y de imágenes, con lo que disminuyen las necesidades de espacio y, en el caso de los vídeos, se mejoran los tiempos de transmisión.

Hay dos tipos principales de compresión: con pérdidas o sin ellas. En la *compresión sin pérdidas* se preservan todos los datos, lo que resulta especialmente útil en el caso de los textos. Por ejemplo, los archivos que llevan la extensión «.zip» se han sometido a compresión sin pérdida de información, de manera que al descomprimirlos se recupera el fichero original. La cadena de caracteres «aaaaabbbbbbbbbb» se

71

puede comprimir como «5a10b», y resulta obvio cómo ejecutar la descompresión para obtener la cadena de partida. Hay muchos algoritmos de compresión, pero primero conviene recordar cómo se guardan los datos sin comprimir.

El sistema ASCII (American Standard Code for Information Interchange, o Código Estándar Estadounidense para Intercambio de Información) determina la norma para codificar los datos que se almacenan en computadoras. Cada carácter se designa con un número decimal, su código ASCII. Ya hemos visto que los datos se guardan como series de ceros y de unos. Estos dígitos binarios se llaman *bits*. La norma ASCII usa 8 bits (es decir, un *byte*) para almacenar cada carácter. Por ejemplo, en ASCII, la letra «a» se denota con el número decimal 97, que se convierte en binario como 01100001. Los valores se consultan en la tabla ASCII, una parte de la cual aparece en la tabla al final de este libro. Las letras mayúsculas y las minúsculas tienen códigos ASCII distintos.

Consideremos la cadena de caracteres «added», cuya codificación se muestra en la figura 7.

Cadena de caracteres	a	d	d	e	d
ASCII	97	100	200	101	100
Binario	01100001	01100100	01100100	01100101	01100100

Figura 7. Codificación de una cadena de caracteres.

Así que «added» ocupa 5 *bytes*, o 5 × 8 = 40 bits de almacenamiento. La figura 7 muestra cómo decodificar esos bits usando la tabla de códigos ASCII. Este modo de codificar y almacenar datos no es muy ahorrativo. Ocho bits por carácter parece demasiado, y no se tiene en cuenta el hecho de que en los textos hay letras que se usan con mucha más frecuencia que otras. Existen muchos modelos de compresión de datos sin pérdida, como los algoritmos de Huffman, que ocupan menos espacio porque usan códigos de longitud variable, una técnica basada en la frecuencia con la que aparecen las letras. Se asignan códigos más cortos a las letras que más se utilizan.

Si volvemos a la cadena «added», nos damos cuenta de que la «a» aparece una vez, lo mismo ocurre con la «e», pero la «d» aparece tres veces. Como la letra más frecuente es la «d», conviene asignarle el código más corto. Para hallar el código de Huffman de cada letra, se empieza contando las letras de la cadena «added»:

$$1a \rightarrow 1e \rightarrow 3d$$

Ahora se buscan las dos letras menos frecuentes, que son la «a» y la «e», y se traza la estructura que aparece en la figura 8, denominada *árbol binario*. El número 2 que figura en la cúspide del árbol resulta de sumar el número total de veces que aparecen las dos letras menos frecuentes.

La figura 9 muestra un nodo adicional que representa las tres apariciones de la letra «d».

La figura 10 contiene el árbol completo, con el total de apariciones de letras en la cúspide. Cada línea del árbol se etiqueta con un 0 o con un 1, tal como se aprecia igualmente en la figura 10, y los códigos se construyen trepando por las ramas del árbol desde abajo hacia arriba.

Figura 8. Árbol binario.

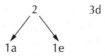

Figura 9. Árbol binario con un nodo adicional.

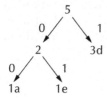

Letra	Código (bits)
a	00
e	10
d	1

Figura 10. Árbol binario completo.

De este modo es posible codificar «added» como a = 00, d = 1, e = 10, lo que da 0011101. Vemos que se usan tres bits para la letra «d», dos para la «a» y otros dos para la «e», lo que da un total de siete. Se trata de una mejora notable frente a los cuarenta originales.

Un modo de medir la eficiencia de la compresión lo ofrece la razón de compresión, que se define como el tamaño original del archivo dividido entre el tamaño que ocupa tras la compresión. En este ejemplo se obtiene 45/7, que es aproximadamente igual a 6,43, una razón elevada que permite un gran ahorro de espacio. En los casos reales, los árboles binarios resultan muy grandes y se optimizan mediante técnicas matemáticas sofisticadas. Este ejemplo muestra cómo comprimir datos sin perder nada de la información contenida en el archivo original, por lo que recibe el nombre de *compresión sin pérdidas*.

Compresión con pérdidas

Los archivos de sonido y de imágenes suelen ser mucho mayores que los de texto, y por eso a este tipo de datos se le aplica una técnica distinta denominada *compresión con pérdidas*. En imagen y sonido, la compresión sin pérdidas no suele proporcionar una razón de compresión suficiente para hacer viable su almacenamiento. Al mismo tiempo sucede que los sonidos y las imágenes toleran cierta pérdida de datos. La compresión con pérdidas aprovecha este rasgo y procede a eliminar algunos datos del archivo original, con lo que se reduce el espacio de almacenamiento requerido. La idea básica consiste en suprimir parte de los detalles sin afectar a la percepción general de la imagen o del sonido.

Por ejemplo, consideremos una fotografía en blanco y negro, técnicamente denominada *imagen en escala de grises*, en la que aparece un niño tomándose un helado en la playa. La compresión con pérdidas elimina la misma cantidad de datos de la imagen del niño que de la del mar. El porcentaje eliminado se calcula de manera que no ejerza un impacto significativo sobre la percepción de la imagen resultante (comprimida), porque una compresión excesiva arrojaría una fotografía borrosa. Hay que buscar un equilibrio entre el grado de compresión y la calidad que se obtiene.

Para comprimir una imagen en escala de grises primero se divide en bloques de 8 × 8 píxeles. Lo habitual es que todos los píxeles dentro de cuadrados de este tamaño tan pequeño tengan tonos parecidos. Este hecho, junto con lo que se sabe sobre la percepción visual humana, resulta fundamental para la compresión con pérdidas. A cada píxel le corresponde un valor numérico entre 0 para el negro puro y 255 para el blanco puro, de manera que los números intermedios están asignados a los distintos tonos de gris. Se asigna un valor promedio de intensidad para cada bloque aplicando un método llamado *algoritmo del coseno discreto*, y el resultado se compara con los valores reales de los píxeles contenidos en el bloque. Al comparar los valores con su promedio, estas diferencias suelen ser iguales a cero, o valen cero cuando se redondean. El algoritmo de compresión con pérdidas recopila todos los ceros, que corresponden a los píxeles que aportan menos información a la imagen. Estos valores, que equivalen a las frecuencias altas de la imagen, se agrupan, y la información redundante se suprime aplicando una técnica llamada *cuantización*, lo que conduce a la compresión. Por ejemplo, supongamos que en un total de 64 valores cada uno de los cuales ocupa un *byte* encontramos que hay 20 a los que les corresponde un cero: tras la compresión necesitaremos tan solo 45 *bytes*. Este proceso se repite con todos los bloques de la imagen y, de este modo, se elimina de toda ella la información redundante.

El algoritmo JPEG (Joint Photographic Experts Group, Grupo de Expertos en Fotografía Unidos) se aplica a imágenes en color. Identifica los colores rojo, azul y verde, y asigna a cada uno un peso distinto basado en las características de la percepción humana. El verde pesa más porque el ojo humano es más sensible a este color que al rojo o al azul. Cada píxel recibe un peso rojo, verde y azul, lo que se representa como una terna <R,G,B> *(red, green, blue)*. Las ternas <R,G,B> se suelen convertir en otra por motivos técnicos, <Y,Cb,-Cr>, donde Y representa la intensidad del color y Cb y Cr son valores de crominancia que describen el color concreto. El empleo de un algoritmo matemático complejo permite reducir los valores de cada píxel y lograr la compresión con pérdidas, ya que disminuye el número de píxeles guardados.

Los archivos multimedia en general se suelen comprimir con pérdidas, debido a su gran tamaño. Cuanto mayor sea la compresión aplicada, más pobre resultará la calidad de reproducción, pero al sacrificar más datos se logran razones de compresión mayores, que generan archivos más pequeños.

El formato JPEG proporciona el método de compresión más utilizado tanto para fotos en color como en escala de grises, y se ajusta al estándar de compresión de imágenes producido por primera vez por el JPEG en 1992. Este grupo sigue siendo muy activo y se reúne varias veces cada año.

Volvamos al ejemplo de la fotografía en blanco y negro que muestra a un niño comiendo helado en la playa. En condiciones ideales, nos gustaría que la compresión conservara bien definida la parte que representa al niño, y no nos importaría sacrificar para ello parte de la nitidez de los detalles de fondo. Un método nuevo denominado *compresión de datos por deformación (data warping compression)* lo permite. Lo ha desarrollado un equipo de investigación de la Escuela Henry Samueli de Ingeniería y Ciencia Aplicada de la Universidad de California en Los Ángeles (UCLA).

Las personas interesadas en los detalles pueden consultar el apartado de lecturas recomendadas al final de este libro.

Hemos visto que un sistema de archivos distribuido se puede utilizar para almacenar datos masivos. Los problemas de almacenamiento se han abordado con suficiente éxito como para que hoy se utilicen fuentes de datos masivos para responder preguntas que antes no tenían solución. Como veremos en el capítulo 4, los datos almacenados con el sistema Hadoop DFS admiten su procesamiento con un método algorítmico llamado *MapReduce*.

4
Análisis de datos masivos

Después de tratar la recopilación y almacenamiento de datos masivos echaremos una ojeada a algunas de las técnicas aplicadas para extraer información útil de esos datos como, por ejemplo, preferencias de los consumidores o con qué rapidez se propaga una epidemia. Todas estas técnicas se engloban bajo la denominación de *análisis de datos masivos (big data analytics)*, un campo que cambia muy deprisa a medida que crece el tamaño de los conjuntos de datos y que la estadística clásica va dejando vía libre a este nuevo paradigma.

En el capítulo 3 se habló del sistema Hadoop, que permite almacenar datos masivos mediante su sistema de archivos distribuido. Como ejemplo de análisis de datos masivos veremos ahora MapReduce, un sistema distribuido de proceso de datos que forma parte de las funcionalidades centrales del Ecosistema Hadoop. Muchas entidades, entre ellas Amazon, Google y Facebook, utilizan Hadoop tanto para almacenar como para procesar sus datos.

MapReduce

Dividir los datos en porciones pequeñas para luego procesarlas por separado es una estrategia bastante frecuente para manejar los datos masivos, y esto es básicamente lo que hace MapReduce al repartir los cálculos necesarios, o las consultas, entre muchos, pero muchos, ordenadores. Vale la pena estudiar un ejemplo extremadamente reducido y simplificado del funcionamiento de MapReduce. El ejemplo tendrá que ser muy reducido de verdad, porque lo vamos a trabajar a mano, pero aun así resultará útil para ilustrar el procedimiento que se aplica a los datos masivos. Lo habitual es utilizar muchos millares de procesadores que trabajan en paralelo para tratar un volumen descomunal de datos, pero el mecanismo es escalable y, de hecho, se trata de una idea muy ingeniosa y fácil de entender.

Este modelo de análisis consta de varias partes: el *mapeo (map)*, el *barajado (shuffle)* y la *reducción (reduce)*. El componente que ejecuta el mapeo debe programarlo el usuario y lo que hace es ordenar los datos de interés. El barajado, que está integrado en el código principal MapReduce de Hadoop, agrupa los datos por claves y los envía al componente de reducción, que también debe proporcionarlo el usuario y que agrega los grupos para producir el resultado final, el cual se envía al sistema de archivos distribuido Hadoop para su almacenamiento.

A modo de ejemplo, supongamos que tenemos los siguientes archivos de clave y valor almacenados en el sistema de archivos distribuido Hadoop, con estadísticas sobre cada una de las epidemias siguientes: sarampión, zika, tuberculosis y ébola. La clave es el nombre de la enfermedad, mientras que el valor contiene el número de casos registrados respectivamente. Nos interesa deducir el número total de casos de cada epidemia.

Archivo 1:	sarampión,3
	zika,2 tuberculosis (TB),1 sarampión,1
	zika,3 ébola,2

| **Archivo 2:** | sarampión,4 |
| | zika,2 tuberculosis (TB),1 |

| **Archivo 3:** | sarampión,3 zika,2 |
| | sarampión,4 zika,1 ébola,3 |

El programa de mapeo (función *Map*) permite leer por separado cada uno de estos archivos de entrada, línea a línea, tal como se muestra en la figura 11, y devuelve los pares de clave y valor que hay en cada una de las líneas.

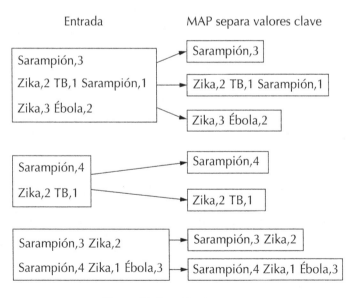

Figura 11. Función de mapeo.

Tras dividir los archivos en líneas, se localizan los pares de clave y valor en cada línea y, a continuación, el paso siguiente del algoritmo lo proporciona el programa principal, que ordena y baraja los pares. Las enfermedades se ordenan alfabéticamente y el resultado se envía a un archivo adecuado listo para introducirlo en el programa de reducción, como se aprecia en la figura 12.

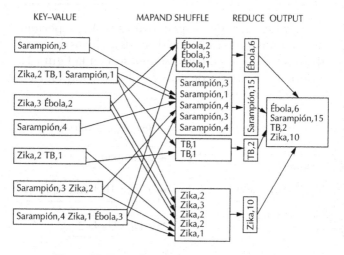

Figura 12. Funciones de barajado y reducción.

Sigamos la figura 12. El programa de reducción (función *Reduce*) combina los resultados de las fases de mapeo *(Mapand)* y barajado *(Shuffle)*, y como consecuencia envía cada enfermedad a un fichero propio. El paso de reducción del algoritmo permite calcular acto seguido los totales y envía las sumas a un fichero de salida *(Output)* de tipo clave y valor *(Key-Value)* que se puede almacenar en el sistema de archivos distribuido.

Este ejemplo es minúsculo, pero el método MapReduce permite analizar volúmenes de datos realmente descomunales. Pensemos, por ejemplo, en Common Crawl, una organización sin ánimo de lucro que hace copias enteras y gratis de todo Internet, y que proporciona los datos necesarios para contar cuántas veces aparece cada palabra en Internet si se escribe el programa informático adecuado que recurra a MapReduce.

Filtros de Bloom

El filtro de Bloom constituye un método especialmente eficaz para la minería de datos masivos. Se trata de una técnica de la década de 1970 basada en la teoría de la probabilidad. Vamos a comprobar que los filtros de Bloom se adaptan muy bien a las aplicaciones más exigentes en cuanto a espacio de almacenamiento, y que tratan con datos que se pueden asimilar a listas.

La idea que subyace a los filtros de Bloom consiste en producir un sistema al que se le proporciona una lista de datos y que debe ser capaz de contestar la pregunta: «¿Aparece X en la lista?». Con volúmenes de datos muy grandes, las búsquedas en todo el conjunto se tornan demasiado lentas para resultar útiles, así que se recurre a un filtro de Bloom que, al ser un método probabilístico, no es seguro al cien por cien (puede que el algoritmo decida que el elemento está en la lista cuando en realidad no es así), pero es un método rápido, fiable y que consume poco espacio de almacenamiento para extraer información útil de los datos.

Los filtros de Bloom tienen muchas aplicaciones; por ejemplo, sirven para comprobar si una dirección de Internet concreta conduce a una página maliciosa. En este caso, el filtro de Bloom actuaría como una lista negra de direcciones maliciosas conocidas en la que se puede comprobar con rapidez y precisión si parece probable que el enlace que usted acaba de pulsar sea o no seguro. A esa lista negra se le pueden añadir direcciones de páginas maliciosas recién descubiertas. Como ahora hay más de mil millones de sitios en Internet y su número aumenta a diario, el seguimiento de las páginas maliciosas es un gran problema de datos masivos.

Un ejemplo relacionado con el anterior lo proporcionan los mensajes electrónicos maliciosos, que pueden ser simple correo basura o consistir en verdaderos intentos de fraude con los que se pretende que la persona receptora muerda el anzuelo *(phishing)*. Un filtro de Bloom proporciona una herramienta rápida para comprobar las direcciones electrónicas remitentes y, de este modo, hacer saltar la alarma a tiempo en caso necesario. Cada dirección viene a ocupar unos 20 *bytes*, así que almacenarlas y comprobarlas todas conllevaría un consumo de tiempo prohibitivo, puesto que habría que hacerlo muy rápido. Pues bien, el empleo de filtros de Bloom permite una reducción drástica del volumen de datos almacenados. Veamos un ejemplo de construcción de un pequeño filtro de Bloom y su funcionamiento para entender el mecanismo.

Supongamos que tenemos una lista de direcciones electrónicas etiquetadas como maliciosas: <aaa@ aaaa.com>; <bbb@nnnn.com>; <ccc@ff.com>; <dd@ ggg.com>. Imaginemos que disponemos de 10 bits de memoria disponible en la computadora para construir el filtro de Bloom. Este espacio recibe el nombre de *matriz de bits* y, en un principio, está vacío. Cada bit admite tan solo dos estados que suelen denotarse como 0 y 1, así que en primer lugar se ajustan todos los valores de la matriz de bits a 0, lo que significa que está vacía. Como veremos enseguida, un bit con valor igual a 1 significa que el índice asociado se ha asignado al menos una vez.

El tamaño de la matriz de bits es fijo y permanece invariable con independencia del número de casos que se añadan. Cada bit de la matriz tiene un índice, como se muestra en la figura 13.

Índice	0	1	2	3	4	5	6	7	8	9
Valor del bit	0	0	0	0	0	0	0	0	0	0

Figura 13. Matriz de 10 bits.

Ahora hay que introducir las *funciones resumen* (funciones *hash*), que son algoritmos diseñados para asignar cada elemento de una lista determinada a una de las posiciones de la matriz de bits. Al hacerlo se almacena únicamente la posición correspondiente en la matriz, pero no la dirección electrónica en sí, lo que reduce el volumen de espacio de almacenamiento requerido.

Para nuestro ejemplo vamos a mostrar el resultado de usar dos funciones resumen, pero es muy frecuente utilizar diecisiete o dieciocho de ellas junto con una matriz mucho mayor. Estas funciones se diseñan para asignar los bits de manera bastante uniforme, de forma que cualquiera de los índices tiene la misma probabilidad de salir como resultado cada vez que el algoritmo se aplica a una dirección distinta.

Entonces, el primer paso consiste en que el algoritmo resumen asigna a cada dirección electrónica uno de los índices de la memoria.

Para incorporar «aaa@aaaa.com» a la matriz se introduce en la función resumen 1, la cual devuelve un valor que indica un índice o posición en la matriz. Por ejemplo, supongamos que la función resumen 1 devolviera el índice 3. Pero la función resumen 2, aplicada a esta misma dirección, puede devolver el índice 4. Entonces, cada una de estas dos posiciones pasará a tener el valor 1 en su bit asociado. Si alguna de las posiciones hubiera estado ya en el valor 1 previamente, entonces no se toca. De un modo parecido, al añadir «bbb@nnnn.com» tal vez haya que actuar sobre las posiciones 2 y 7, que, o bien están ya ocupadas y no se tocan, o bien se ponen en el valor 1. Para «ccc@ff.com» pueden salir los bits 4 y 7 y, por último, las funciones aplicadas a «dd@ggg.com» podrían dar las posiciones 2 y 6. La figura 14 resume los resultados.

El filtro de Bloom propiamente dicho aparece en la figura 15, donde se marcan con 1 las posiciones ocupadas.

DATOS	RESUMEN 1	RESUMEN 2
aaa@aaaa.com	3	4
bbb@nnnn.com	2	7
ccc@ff.com	4	7
dd@ggg.com	2	6

Figura 14. Síntesis de los resultados de las funciones resumen (*hash functions*).

Índice	0	1	2	3	4	5	6	7	8	9
Valor del bit	0	0	1	1	1	0	1	1	0	0

Figura 15. Filtro de Bloom para direcciones electrónicas maliciosas.

De acuerdo, pero ¿cómo se usa esta matriz como filtro de Bloom? Supongamos ahora que recibimos un mensaje de correo electrónico y queremos comprobar si la dirección del envío consta en la lista de remitentes maliciosos. Le corresponden las posiciones 2 y 7 de la matriz, y resulta que ambas contienen el valor 1, lo que se interpreta como que es *probable* que la dirección esté en la lista y sea, por tanto, maliciosa. No es seguro que esté en la lista porque las posiciones 2 y 7 pueden corresponder también a otras direcciones y podrían haberse utilizado más de una vez. Por lo tanto, el resultado de la prueba de pertenencia a la lista para un elemento puede arrojar un falso positivo. Sin embargo, si todas las funciones resumen devuelven valores nulos (y tengamos en cuenta que normalmente hay diecisiete o dieciocho de ellas), entonces tendremos la certeza de que la dirección del remitente no está en la lista.

Las matemáticas implicadas son complejas, pero no cuesta entender que cuanto mayor sea la matriz más espacios libres tendrá y, en consecuencia, habrá menos probabilidad de que arroje falsos positivos o asignaciones incorrectas. El tamaño de la matriz viene determinado por el número de claves y de funciones resumen que se utilicen, pero debe ser lo bastante grande como para dejar un número suficiente de espacios sin ocupar, de manera que el filtro funcione con eficacia y se minimice la cantidad de falsos positivos.

Los filtros de Bloom son rápidos y ofrecen un modo fácil para detectar operaciones fraudulentas con tarjetas bancarias. El filtro comprueba si un identificador concreto forma parte o no de una lista dada y podría etiquetar las operaciones poco usuales que no formen parte de la lista de transacciones habituales. Por ejemplo, si usted no ha comprado nunca equipos de montañismo con su tarjeta bancaria, un filtro de Bloom podría marcar como sospechosa la compra de una cuerda de escalada. Por otra parte, si usted compra normalmente este tipo de material, el filtro de Bloom identificará la adquisición como probablemente aceptable, aunque exista cierta probabilidad de que en realidad este resultado sea falso.

Los filtros de Bloom se pueden emplear también para filtrar el correo basura. Los filtros de correo basura *(spam)* constituyen un ejemplo muy bueno porque se trata de una situación en la que no se sabe exactamente qué es lo que se busca. Lo más frecuente es perseguir patrones como, por ejemplo, los mensajes que contengan la cadena «ratón». Pero si queremos clasificar como basura esos mensajes, también desearemos hacer lo mismo con variantes como «rat0n» o «ra7on». En realidad nos gustaría marcar como basura todas las versiones imaginables de la palabra. Por otro lado, suele ser más sencillo filtrar todo lo que no case con una palabra concreta, de manera que lo que haría el filtro es dejar pasar tan solo la palabra «ratón», por ejemplo.

Los filtros de Bloom se aplican también para acelerar los algoritmos de búsqueda y asignación de relevancia (posicionamiento) en la Red, un área de enorme interés para quienes desean promocionar sitios de Internet.

PageRank

Las búsquedas en Google devuelven listas de páginas clasificadas por orden de relevancia de acuerdo con los términos de búsqueda. Google posiciona las páginas en la lista sobre la base, principalmente, de un algoritmo llamado PageRank. Las palabras inglesas *page rank* vienen a significar «relevancia de la página», pero cunde el mito urbano de que este nombre se eligió en honor a Larry Page, uno de los fundadores de Google, que publicó artículos sobre este nuevo algoritmo en colaboración con otro cofundador, Sergey Brin. Los resultados de PageRank estuvieron accesibles en abierto hasta el verano de 2016, para lo cual bastaba descargar la barra de herramientas PageRank. La herramienta pública PageRank asignaba valores entre 1 y 10. Guardé unos cuantos resultados antes de que la suprimieran. Si escribía en Google «Big Data» desde mi ordenador portátil, recibía como respuesta un mensaje que me decía que había «Alrededor de 370.000.000 resultados (0,44 segundos)» con un valor de PageRank igual a nueve. Los primeros de la lista eran unos cuantos anuncios de pago, seguidos por la Wikipedia. Al buscar «data» se obtenían unos 5.530.000.000 resultados con valor nueve en 0,43 segundos. Había otros ejemplos que alcanzaban valor diez, como las páginas en Internet del Gobierno de EE. UU., Facebook, Twitter o la Asociación de Universidades Europeas.

El método de cálculo de PageRank se basa en el número de enlaces que apuntan hacia una misma página: cuantos más enlaces haya más alto será el valor asignado a esa página, lo que la posiciona más arriba en los resultados de la búsqueda. No se tiene en cuenta el número de visitas recibidas por la página. Quienes diseñan páginas para Internet procuran optimizarlas para que se posicionen cerca del principio de la lista cuando se efectúan búsquedas con ciertas palabras, porque la mayoría de la gente no consulta más allá de los primeros dos o tres resultados. Esto requiere que haya un gran número de enlaces apuntando a la página y provocó la aparición, de manera casi inevitable, de todo un mercado de enlaces. Google intentó hacer frente a esta deformación «artificial» del posicionamiento asignando relevancia nula a las empresas implicadas, o incluso eliminándolas por completo de Google, pero esto no resolvió el problema, solo se limitó a volverlo clandestino, pero el comercio de enlaces siguió adelante.

PageRank como tal no ha dejado de usarse, sino que forma parte de un abanico mayor de programas de cálculo de la relevancia que no están disponibles para el público. Google recalcula el posicionamiento de manera regular para tener en cuenta la aparición tanto de enlaces nuevos como de nuevas páginas. PageRank tiene repercusiones comerciales, por eso los detalles no se dan en abierto, aunque es fácil hacerse una idea general sobre cómo funciona a partir de ejemplos. El algoritmo incorpora un modo complejo de análisis de los enlaces entre páginas basado en la teoría de la probabilidad, donde una probabilidad igual a la unidad significa certeza y el cero implica imposibilidad. Todo lo demás tiene una probabilidad situada en algún punto intermedio.

Para entender cómo funciona el posicionamiento hay que hacerse una idea del aspecto de una distribución de probabilidad. Pensemos en el resultado de arrojar un dado de seis caras, donde cada uno de los valores, de uno a seis, tiene la misma probabilidad de salir, de lo que se deduce una probabilidad igual a 1/6. La distribución de probabilidad queda descrita mediante la lista de todos los resultados posibles, cada uno de ellos acompañado de su probabilidad asociada.

Si volvemos al problema de ordenar las páginas de Internet según su relevancia, no se puede afirmar que todas sean igual de importantes, pero tendríamos una orientación razonable sobre cómo posicionarlas si hubiera algún modo de asignarles probabilidades. Lo que hacen los algoritmos del estilo de PageRank es construir una distribución de probabilidad para toda la Red. Vamos a explicarlo imaginando a alguien que navegue al azar por Internet. Empieza por una página cualquiera y luego se mueve a otra mediante los enlaces que encuentre.

Consideremos un ejemplo simplificado en el que la Red consista en tan solo tres sitios: BigData1, BigData2, BigData3. Vamos a imaginar que los únicos enlaces que hay son: de BigData2 a BigData3, de BigData2 a BigData1, y de BigData 1 a BigData3. El resultado sería el que se muestra en la figura 16, donde los nodos del grafo son los sitios de Internet, y las flechas (aristas), los enlaces.

A cada página le corresponde un valor de PageRank que mide su popularidad o importancia. BigData3 es la mejor posicionada porque cuenta con el mayor número de enlaces que apuntan hacia ella, lo que la hace la más popular. Pero pensemos en alguien que navegue al azar y que emita un voto proporcional que se divide a partes iguales entre las siguientes opciones de visita que se le ofrecen. Por ejemplo, si esta persona está visitando BigData1, solo tiene la opción de moverse a BigData3, así que se le asigna un voto a BigData3 desde BigData1.

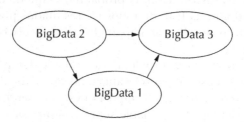

Figura 16. Grafo orientado que representa
una porción pequeña de la Red.

En la Red real, los enlaces aparecen constantemente, así que supongamos que sucede de pronto que BigData3 establece un enlace hacia BigData2, como se ve en la figura 17. Entonces el valor PageRank de BigData2 cambia, porque aparece un nuevo lugar al que ir desde BigData3 si se navega al azar.

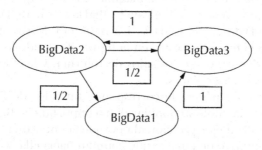

Figura 17. Grafo orientado que representa una porción
pequeña de la Red, con un enlace adicional.

Si la navegación aleatoria se inicia en BigData1, solo se puede ir a BigData3, así que todo el voto de ese nodo va a BigData3, mientras que BigData1 recibe un voto nulo. Si se empieza en BigData2, el voto se reparte de manera equitativa entre BigData3 y BigData1. Por último, si partimos de BigData3, el voto entero va a BigData2. La figura 18 resume esta votación proporcional.

En la figura 18 se ve que el total de votos para cada sitio es como sigue:

Total de votos para BD1: 1/2 (procedencia BD2)
Total de votos para BD2: 1 (procedencia BD3)
Total de votos para BD3: 1 + 1/2 (de BD1 y BD2)

	Proporción de voto emitido desde BD1	Proporción de voto emitido desde BD2	Proporción de voto emitido desde BD3
Para BD1	0	1/2	0
Para BD2	0	0	1
Para BD3	1	1/2	1

Figura 18. Síntesis de votos por páginas.

El hecho de que la página de inicio se elija al azar motiva que de entrada todas ellas tengan la misma probabilidad y reciban un valor inicial de PageRank igual a 1/3. Pero luego, para llegar a los valores PageRank del ejemplo, hay que actualizar los valores iniciales de acuerdo con los votos emitidos para cada página.

Por ejemplo, BD1 tiene tan solo 1/2 voto, procedente de BD2, así que el valor PageRank de BD1 es $1/3 \times 1/2 = 1/6$. De un modo similar, el valor PageRank de BD2 se deduce como $1/3 \times 1 = 2/6$, y el de BD3 asciende a $1/3 \times 3/2 = 3/6$. Si ahora se suman todos los valores asignados, se obtiene como resultado la unidad, así que disponemos de una distribución de probabilidad que refleja la importancia, o posicionamiento, de cada página.

Pero prestemos atención a un punto conflictivo. Partimos de una probabilidad inicial aleatoria igual a 1/3. Tras un solo paso hemos calculado que la probabilidad de BD1 para alguien que navegue al azar asciende a 1/6. ¿Qué ocurriría al cabo de dos pasos? Bien, se pueden emplear los valores actuales de PageRank para calcular otros nuevos. En esta ronda, las cuentas son algo distintas porque partimos de valores PageRank que ya no son iguales, pero si se sigue el mismo método se obtienen los resultados siguientes: 2/12 para BD1, 6/12 para BD2, 4/12 para BD3. Estos pasos, o iteraciones, se repiten hasta que el algoritmo converge, lo que significa que el proceso continúa hasta que ya no se producen cambios de valores. Así se alcanzan los valores finales de relevancia, y PageRank puede proponer la página mejor posicionada como resultado de una búsqueda concreta.

Los autores del artículo de investigación original, Page y Brin, daban una ecuación para calcular el valor de PageRank que incluía un factor de amortiguamiento d, definido como la probabilidad de que alguien que navegue al azar pulse uno de los enlaces de la página actual. Entonces, la probabilidad de que esa persona no pulse en ningún enlace de esa página es $1 - d$, una situación que equivaldría al final de la navegación. Este factor de amortiguamiento garantizaba que el valor de PageRank promediado sobre toda la Red ascendiera a la unidad, después de un número suficiente de iteraciones. Page y Brin afirmaban que el algoritmo convergía tras 52 iteraciones cuando se aplicaba a una red con 322 millones de enlaces.

Conjuntos públicos de datos

Hay multitud de conjuntos de datos a la libre disposición de individuos o grupos que tengan interés en ellos para realizar sus propios proyectos. Un ejemplo lo ofrece Common Crawl, mencionado con anterioridad en este capítulo. El archivo mensual de Common Crawl lo alberga el programa de conjuntos de datos públicos de Amazon, y en octubre de 2016 contenía más de 3.250 millones de páginas. Los conjuntos públicos de datos abarcan una gran variedad de especialidades, como la genómica, imágenes de satélites o servicios mundiales de noticias. El programa Ngram Viewer de Google ofrece un modo interesante de explorar algunos grandes conjuntos de datos de manera interactiva, para aquellas personas que no tengan la intención de escribir sus propios códigos (véanse más detalles en el apartado de lecturas recomendadas).

El paradigma *Big Data*

Ya hemos comentado varias de las aplicaciones de los datos masivos, y el capítulo segundo trató los conjuntos pequeños de datos. Para el análisis de datos no masivos existe un método científico bien asentado y se requiere intervención humana: a alguien se le ocurre una idea, propone una hipótesis o modelo y formula el modo de poner a prueba las predicciones que se emiten. El distinguido estadístico George Box escribía en 1978 que «todos los modelos son erróneos, pero algunos de ellos son útiles». Llamaba la atención sobre el hecho de que los modelos científicos o estadísticos, en general, no constituyen representaciones exactas del mundo que nos rodea, pero un buen modelo puede aportar una visión útil sobre la que basar predicciones y de la que extraer conclusiones fiables. Sin embargo, como hemos mostrado, no se sigue este método cuando se trabaja con datos masivos. En nuestro caso lo que predomina es la máquina, y no la persona que efectúa el análisis.

Thomas Kuhn escribió en 1962 acerca del concepto de *revolución científica,* que se produce tras un periodo largo de ciencia normal a lo largo del cual se desarrolla e investiga a fondo un paradigma existente. Si aparece tal cantidad de anomalías que resulten intratables en el marco de la teoría existente, entonces se produce una «crisis» y cunde la desconfianza en la comunidad investigadora. La crisis se acaba resolviendo mediante una nueva teoría o paradigma. El paradigma nuevo solo se acepta si responde algunos de los puntos que causaban problemas en el marco anterior. Por ejemplo, el paso de la mecánica de Newton a la relatividad de Einstein alteró la visión del mundo dentro de la ciencia sin dejar obsoletas las leyes newtonianas: la mecánica de Newton ahora es un caso particular de la teoría de la relatividad, que abarca un ámbito mayor. El paso de la estadística clásica al análisis de datos masivos representa también una novedad significativa que muestra muchos de los rasgos característicos de un cambio de paradigma. Por eso es inevitable desarrollar técnicas que permitan manejar esta nueva situación.

Pensemos, por ejemplo, en las técnicas que buscan correlaciones en los datos, lo que proporciona un método predictivo basado en la intensidad de la relación entre las variables. La estadística clásica reconoce que la correlación no implica una relación causa-efecto. Una profesora podría registrar el número de faltas de asistencia y las calificaciones del alumnado y luego hallar una correlación aparente, lo que le permitiría predecir las notas a partir de las faltas. Pero no sería correcto deducir que las faltas de asistencia son la causa de las malas notas. La consideración del cálculo a ciegas no permite esclarecer los motivos por los que dos variables están correlacionadas: es posible que los estudiantes peor capacitados tiendan a saltarse las clases, o puede que el alumnado absentista por motivos de salud sea luego incapaz de recuperar el ritmo. La interacción humana y la interpretación son piezas imprescindibles para decidir qué correlaciones son útiles. El uso de la correlación con los datos masivos plantea problemas adicionales. Ante un conjunto de datos masivos es posible elaborar algoritmos que devuelvan multitud de correlaciones espurias con independencia de los puntos de vista, las opiniones o las hipótesis de cualquier ser humano. Estas correlaciones falsas causan problemas, como la detectada entre el consumo de margarina y la tasa de divorcios, que solo es una más de las muchas que han aparecido en los medios de comunicación. El carácter absurdo de esta correlación se torna manifiesto al aplicar el método científico. Pero cuando el número de variables crece mucho, también lo hace el de correlaciones espurias. He aquí uno de los problemas más serios ligados a la extracción de información a partir de datos masivos, porque cuando se afronta este desafío, como en las técnicas de minería de datos, lo habitual es buscar patrones y correlaciones. En el capítulo 5 veremos que aquí radica uno de los motivos por los que fallaban las conclusiones del sistema de predicción de la gripe Google Flu Trends.

Big data en medicina

El mundo de la sanidad está cambiando de manera significativa gracias al análisis de datos masivos. Aún no se conoce todo su potencial, pero entre sus posibles aplicaciones se cuentanz el diagnóstico médico, la predicción de epidemias, la medida de las respuestas de la población a las alertas sanitarias lanzadas por los gobiernos, o la reducción de costes asociada a los sistemas de salud. Vamos a empezar dando una ojeada a lo que se ha dado en llamar *informática de la salud.*

Informática de la salud

Los datos masivos de aplicación en medicina se recolectan, almacenan y analizan por medio de las técnicas generales descritas en los capítulos anteriores. La informática de la salud y sus múltiples subáreas (como la informática clínica o la bioinformática) consisten, a grandes rasgos, en el uso de datos masivos para mejorar la atención a los pacientes y reducir los costes. Recordemos los criterios que conforman la definición de datos masivos (tratados en el capítulo 2): volumen, variedad, velocidad, veracidad. Los requisitos de volumen y velocidad se satisfacen cuando, por ejemplo, se recurre a las redes sociales para recopilar datos relacionados con la salud pública con la intención de seguir la evolución de una epidemia. La variedad se cumple porque los historiales médicos se guardan en formato de texto tanto estructurado como no estructurado y también se incorporan datos procedentes de sensores, como los aparatos de resonancia magnética nuclear. La veracidad es crucial en aplicaciones médicas y se dedican unos esfuerzos considerables a eliminar datos incorrectos.

Las redes sociales constituyen una valiosa fuente potencial de información relacionada con la medicina si se recopilan datos de sitios como Facebook, Twitter, blogs seleccionados, tablones de anuncios virtuales y motores de búsqueda. La abundancia de tablones de anuncios virtuales centrados en temas específicos sobre cuidados médicos permite obtener un gran caudal de datos no estructurados. Las publicaciones en Facebook y Twitter se someten a minería de datos con técnicas parecidas a las que se describen en el capítulo 4 para seguir el rastro de reacciones adversas a medicamentos, con lo que el mundo profesional de la salud accede a información muy útil sobre interacciones entre principios activos o abuso de fármacos. La minería de datos en redes sociales para extraer información relacionada con la salud pública se ha convertido hoy día en un campo de investigación muy apreciado en la comunidad académica.

Hay redes sociales especialmente orientadas a profesionales de la medicina como, por ejemplo, Sermo Intelligence, una red mundial que se declara «la mayor compañía global de recopilación de datos sobre salud», que aportan al personal sanitario los beneficios de la colaboración abierta *(crowdsourcing)* a través de la interacción entre pares. Cada vez son más populares los sitios en Internet de consulta médica a distancia, los cuales generan aún más información. Pero es posible que la fuente más importante la constituyan los historiales médicos electrónicos, a pesar de no estar abiertos al público. Estos historiales contienen versiones digitales del expediente médico completo de cada paciente, incluyendo diagnósticos, tratamientos prescritos, imágenes médicas como radiografías y cualquier otra información relevante registrada a lo largo del tiempo. Todo ello conforma un «paciente virtual», un concepto al que volveremos más adelante en este capítulo. Acumular la información generada por fuentes diversas permite no solo aplicar las técnicas de datos masivos para mejorar la atención médica y reducir costes, sino también predecir el desarrollo de epidemias incipientes.

Google Flu Trends

Muchos países experimentan epidemias anuales de gripe, lo que colapsa los servicios médicos y causa una pérdida significativa de vidas. La información sobre epidemias anteriores que ofrecen los Centros para el control de enfermedades de Estados Unidos (CDC, Centers for Disease Control), el organismo encargado de supervisar la salud pública, junto con el análisis de datos masivos constituyen el motor que impulsa la investigación para predecir la propagación de la enfermedad con la finalidad de optimizar los servicios y atenuar su impacto en la población.

El equipo de Google Flu Trends empezó a trabajar en la predicción de epidemias de gripe a partir de datos de su motor de búsqueda. Su intención era pronosticar la evolución de la epidemia anual de gripe con más rapidez que las predicciones obtenidas por los CDC a partir de sus propios datos. Un equipo de ingeniería informática de Google formado por seis expertos publicó en febrero de 2009 un artículo en la prestigiosa revista científica *Nature* en el que explicaban su técnica. Si fuera posible utilizar los datos para predecir de manera fiable el curso de la epidemia anual de gripe en Estados Unidos, entonces se podría reducir el impacto de la enfermedad y, con ello, salvar vidas y ahorrar recursos. El equipo de Google exploró la idea de conseguirlo mediante la recolección y el análisis de las consultas relevantes en los motores de búsqueda. Ya antes se habían acometido intentos para utilizar datos de Internet con este fin, pero todos fallaron o lograron resultados muy limitados. Google y los CDC confiaban en triunfar esta vez teniendo en cuenta las lecciones aprendidas de los errores previos en este campo de vanguardia, y creían que el uso de datos de motores de búsqueda mejoraría el seguimiento de la epidemia.

Los CDC y su equivalente europeo, el Sistema Europeo de Vigilancia de la Gripe (EISS, European Influenza Surveillance Scheme), recopilan datos de fuentes diversas, entre ellas profesionales de la medicina que informan del número de pacientes con síntomas de gripe que pasan por sus consultas. Pero por lo común transcurren unas dos semanas hasta que estos datos se procesan y, para entonces, la epidemia ya ha avanzado mucho. El equipo Google/CDC pretendía mejorar la precisión de las predicciones y arrojar resultados en tan solo un día gracias al uso de datos extraídos de Internet en tiempo real. Para ello se reunieron los datos procedentes de búsquedas relacionadas con la gripe, desde consultas individuales sobre tratamientos y síntomas gripales hasta datos masivos, como llamadas efectuadas desde teléfonos móviles a centros de atención médica. Google podía recurrir a una cantidad enorme de datos procedentes de búsquedas realizadas entre 2003 y 2008 cuyas ubicaciones geográficas se inferían a partir de las direcciones IP, lo que permitía agruparlas por territorios. Los datos de los CDC se organizan en diez regiones, cada una de las cuales agrega los datos de varios Estados (por ejemplo, la región 9 incluye Arizona, California, Hawái y Nevada), y estos se integraban también en el modelo.

El proyecto Google Flu Trends se basaba en el hecho bien conocido de que existe una correlación elevada entre el número de búsquedas en la Red relacionadas con la gripe y las visitas a las consultas médicas. Si hay mucha gente en una zona concreta haciendo búsquedas en Internet sobre la gripe, entonces parece razonable predecir que la enfermedad se propagará a las áreas colindantes. El objetivo principal consistía en descubrir patrones y tendencias, lo que permitía usar los datos de manera anónima y obviaba la necesidad de autorización individual expresa. Google procedió al recuento semanal de cada una de los cincuenta millones de búsquedas más frecuentes sobre cualquier tema relacionado con la gripe, y lo hizo basándose en sus datos acumulados a lo largo de cinco años en el mismo intervalo de fechas cubierto por los CDC. Luego se procedía a comparar los recuentos con los datos de los CDC, y las correlaciones más significativas halladas se empleaban para el modelo predictivo de tendencias. Google decidió emplear los 45 términos más frecuentes relacionados con la gripe y procedió a identificarlos en las búsquedas realizadas en tiempo real. La lista final completa de términos es secreta pero incluye, por ejemplo, «complicaciones de la gripe», «tratamientos para el resfriado o la gripe» y «síntomas generales de la gripe». Los datos históricos sirvieron de base para valorar la incidencia actual de la gripe a partir de los términos de búsqueda elegidos, de manera que al comparar los datos actuales con los de otros años se podía valorar la situación dentro de una escala establecida que iba desde uno hasta cinco, donde cinco era la más grave.

Es famoso el fracaso del algoritmo de datos masivos de Google en las temporadas de gripe de 2011-12 y 2012-13. Al terminar las temporadas de gripe, las predicciones se comparaban con los datos reales de los CDC. Al construir el modelo, que debería haber sido una buena representación de las tendencias gripales a partir de los datos disponibles, el algoritmo de Google Flu Trends tendía a sobrestimar el número de casos en al menos un 50 % durante los años que se usó. El modelo no funcionó bien por varios motivos. Algunos términos de búsqueda se excluyeron de manera intencionada porque no se ajustaban a las expectativas del equipo de investigación. Un ejemplo que se ha comentado mucho lo ofrece «baloncesto en secundaria», una búsqueda que mostraba una correlación muy elevada con los datos de los CDC, pero que se excluyó del modelo a propósito. La selección de variables, el proceso en el que se decide qué predictores son los más adecuados, supone siempre un reto, y por eso se suele realizar mediante un algoritmo para evitar sesgos. Google mantuvo en secreto los detalles de su algoritmo y se limitó a comentar que «baloncesto en secundaria» aparecía entre las cien variables mejor correlacionadas, pero que se excluyó porque tanto el baloncesto estudiantil como la gripe alcanzan el clímax en las mismas épocas del año.

Hemos comentado que Google utilizó 45 términos de búsqueda como predictores de la gripe. En caso de haber empleado solamente uno, como, por ejemplo, «gripe» y sus derivados, se habría pasado por alto cierta información importante y relevante, como la vinculada a búsquedas de «remedios para el resfriado». La exactitud de las predicciones mejora si se considera un conjunto suficiente de términos de búsqueda, pero también puede empeorar si se utilizan demasiados. Los datos disponibles ahora se utilizan para entrenar algoritmos que generen modelos para predecir las tendencias de los datos futuros y, cuando se introducen demasiados predictores, los modelos interpretan como señal sucesos aleatorios presentes en los datos de entrenamiento, de manera que, aunque el modelo exhiba buenos parámetros de ajuste, no posee buena capacidad predictiva. Este fenómeno en apariencia paradójico se denomina *sobreajuste (overfitting)* y no recibió un tratamiento correcto por parte del equipo de investigación. Tenía sentido omitir «baloncesto en secundaria» argumentando que su coincidencia temporal con la gripe explicaba la correlación, pero había cincuenta millones de términos de búsqueda diferentes y es casi inevitable que entre esa multitud hubiera una cantidad no pequeña de ellos con correlaciones fuertes con los datos de los CDC, pero sin ninguna relevancia para la predicción de las tendencias gripales futuras.

Con cierta frecuencia sucede que lo que una persona considera síntomas gripales conduce a un diagnóstico médico distinto (por ejemplo, constipado común). Los datos usados por Google se reunieron de manera selectiva a partir de las consultas efectuadas en motores de búsqueda, y los resultados que se derivan de ellos no son sólidos desde el punto de vista científico debido a los sesgos evidentes que se producen, por ejemplo, al eliminar a todas las personas que no hacían la búsqueda desde una computadora, o a quienes usaban otros motores de búsqueda no incluidos en el estudio. Otra posible explicación de los malos resultados estriba en que parece razonable que las personas que buscaban «síntomas de gripe» en Google también accedieran a cierto número de páginas de Internet dedicadas a la gripe, lo que implicaba que su actividad se contara varias veces y esto inflaba las cifras. Además, las estrategias de búsqueda de las personas cambian con el paso del tiempo, sobre todo a medida que transcurre una epidemia, y esto debería considerarse en el modelo, que se tendría que actualizar de manera regular. Cuando en una predicción empiezan a aparecer errores tiende a producirse un alud, y esto es justo lo que le pasó a los resultados de Google Flu Trends: los errores de una semana se contagiaban a la siguiente. Los términos usados en las búsquedas se utilizaban tal cual se habían tecleado, sin agruparlos de acuerdo con criterios ortográficos o fraseológicos. Google dio un ejemplo de esto mismo al reconocer que expresiones como «consejos para la gripe» y «qué hacer en caso de gripe» se trataban por separado.

Este trabajo se remonta a 2007-08 y ha recibido críticas duras y en ocasiones injustas, pero muchas de ellas hacen referencia a la falta de transparencia que se manifestaba, por ejemplo, en la negativa a revelar los términos de búsqueda utilizados o a responder las peticiones de información formuladas por la comunidad académica. Los datos producidos en los motores de búsqueda no son el resultado de un experimento estadístico planeado de antemano, y hallar el modo de ejecutar un análisis significativo de esos datos para extraer conocimiento útil supone un campo nuevo y desafiante que se beneficiaría mucho de la colaboración. Google introdujo cambios significativos en sus algoritmos para la temporada de gripe de 2012-13 y empezó a utilizar una técnica matemática relativamente nueva denominada *Elasticnet*, que ofrece métodos rigurosos para seleccionar y limitar el número de predictores necesarios. En el año 2011, Google lanzó un programa similar para seguir el rastro de la epidemia de dengue, pero ya ha dejado de publicar predicciones, y Google Flu Trends quedó fuera de servicio en 2015. Sin embargo, ahora Google comparte los datos de este proyecto con el mundo de la investigación académica.

Google Flu Trends fue uno de los primeros intentos de emplear datos masivos para pronosticar epidemias y proporcionó pistas útiles para la investigación que vino después. Aunque aquellos resultados no cubrieran las expectativas, parece probable que en el futuro se desarrollen técnicas nuevas que pongan de manifiesto todo el potencial de los datos masivos para el seguimiento de epidemias. Un grupo de investigación del Laboratorio Nacional de Los Álamos, en Estados Unidos, emprendió una tentativa en este sentido tomando datos de la Wikipedia. El grupo de investigación Delphi de la Universidad Carnegie Mellon ganó el desafío convocado por los CDC para predecir la gripe «Predict the Flu» tanto en 2014-15 como en 2015-16 al lograr los pronósticos más certeros. Este grupo utilizó con éxito datos de Google, Twitter y la Wikipedia para seguir el rastro de los brotes de gripe.

La epidemia de ébola en África occidental

Muchas han sido las pandemias que han azotado la Tierra en el pasado, como la gripe española de 1918-19 que mató a entre veinte y cincuenta millones de personas y llegó a infectar en total a quinientos millones. Se sabía muy poco sobre el virus responsable, no existía tratamiento eficaz y la reacción de los sistemas públicos de salud fue limitada por fuerza, debido a la falta de conocimientos. Todo cambió en 1948 con la fundación de la Organización Mundial de la Salud (OMS), encargada de supervisar y mejorar la salud global a través de la colaboración y cooperación internacionales. La OMS celebró el 8 de agosto de 2014 una reunión por teleconferencia de su Comité de Emergencia del Reglamento Sanitario Internacional en la que comunicó que un brote del virus del ébola en África occidental constituía formalmente «una emergencia de salud pública de importancia internacional». En términos de la propia OMS, el brote de ébola suponía «un acontecimiento extraordinario» que requería un esfuerzo internacional de proporciones sin precedentes para lograr contenerlo y evitar una pandemia.

El brote de ébola en África occidental de 2014 se limitó en un principio a Guinea-Bisáu, Sierra Leona y Liberia, y planteó una serie de problemas que lo diferenciaron de los brotes anuales de gripe en Estados Unidos. Los datos históricos sobre el ébola o bien no estaban disponibles o no resultaban de utilidad, porque nunca antes se había registrado un brote de proporciones semejantes, lo que requería el desarrollo de estrategias nuevas para manejarlo. Es sabido que, si se conocen los desplazamientos de la población, se facilita que el personal sanitario monitorice la propagación de la epidemia, por lo que se confiaba en que la información que recopilan las compañías de telefonía móvil resultara útil para trazar los viajes en las áreas infectadas y establecer medidas en esos lugares, como restricciones de movimientos, con la idea final de salvar vidas. El modelo resultante del brote en tiempo real podría predecir en qué lugares cabría esperar que surgieran casos nuevos de la enfermedad para asignar los recursos correspondientes.

La información digital que se recopila mediante la telefonía celular es bastante básica: el número tanto de la persona que llama como el de la que recibe la llamada, y una ubicación aproximada del origen de la comunicación (una llamada efectuada desde un teléfono móvil deja un rastro que se puede utilizar para estimar el emplazamiento del dispositivo que la realiza teniendo en cuenta la torre repetidora utilizada). Pero acceder a estos datos planteó una serie de problemas: las cuestiones relacionadas con la privacidad supusieron un verdadero quebradero de cabeza, puesto que eso permitía identificar a personas que no habían dado su consentimiento para el rastreo de sus llamadas.

La densidad de teléfonos celulares en los países africanos afectados por ébola no era uniforme, ya que en las áreas rurales pobres era mucho menor. Por ejemplo, en 2013 había un teléfono móvil en poco más de la mitad de los hogares de Liberia y Sierra Leona, dos de los países directamente afectados por el brote de 2014. Pero aun así arrojaron datos suficientes para efectuar seguimientos de desplazamientos que resultaron de utilidad.

La Fundación Flowminder es una organización sin ánimo de lucro, con base en Suecia, que se dedica a trabajar con datos masivos aplicados a salud pública en los países más pobres del mundo, y se le proporcionaron algunos datos históricos sobre telefonía móvil en la zona. En 2008, Flowminder se convirtió en la primera entidad que utilizó datos de operadores de telefonía celular para rastrear desplazamientos de población en entornos sanitarios conflictivos en el marco de una iniciativa de la OMS para erradicar la malaria, por lo que esta organización fue la opción evidente para trabajar durante la crisis del ébola. Un prestigioso equipo internacional utilizó datos históricos anonimizados para trazar mapas del desplazamiento de la población en las áreas afectadas por el ébola. Estos datos históricos tenían una utilidad limitada debido a los cambios de comportamiento causados por la propia epidemia, pero son una buena orientación sobre los lugares a los que tiende a viajar la gente cuando se produce una emergencia. Los repetidores de telefonía móvil aportan detalles en tiempo real sobre la actividad de la población.

Pero las predicciones publicadas por la OMS para el ébola resultaron exageradas en más de un 50 % comparadas con los casos reales que se dieron.

Los problemas de Google Flu Trends y los análisis del ébola se parecían en tanto que los algoritmos de predicción utilizados se basaban tan solo en los datos iniciales e ignoraban los cambios que se producían en las circunstancias del momento. Cada uno de estos modelos venía a admitir que el número de casos seguiría creciendo en el futuro al mismo ritmo que antes de la intervención médica. Y, aunque es evidente que cabe esperar que las medidas médicas y de salud pública ejerzan efectos positivos, estas consideraciones no constaban en el modelo.

El virus del zika lo transmiten mosquitos del género *Aedes* y se registró por primera vez en 1947 en Uganda. Desde entonces se ha propagado hasta llegar a Asia y América. El brote más reciente de zika se detectó en Brasil en 2015 y desencadenó otra emergencia de salud pública de importancia internacional. Las lecciones aprendidas a partir de los modelos estadísticos basados en datos masivos utilizados en Google Flu Trends y con los brotes de ébola han conducido a que ahora se admita de manera general que hay que combinar datos procedentes de fuentes diversas. Tengamos en cuenta que el proyecto Google Flu Trends recopilaba datos procedentes únicamente de su propio motor de búsqueda.

El terremoto de Nepal

Entonces, ¿cuál es el futuro de la predicción de epidemias a través de datos masivos? Los registros de datos de llamadas (CDR, de *Call Detail Records*) desde teléfonos móviles están disponibles en tiempo real, y por eso se han usado de apoyo para el seguimiento de desplazamientos de personas en desastres de dimensiones tan grandes como el terremoto de Nepal o el brote de gripe A en México. Por ejemplo, un equipo internacional de Flowminder que incluía personal de las universidades de Southampton y Oxford, así como de instituciones de Estados Unidos y China, usó los

CDR para estimar el desplazamiento de la población tras el terremoto de Nepal del 25 de abril de 2015. El porcentaje de la población nepalí que dispone de teléfono celular es elevado y el uso de datos anonimizados de doce millones de terminales permitió al equipo Flowminder rastrear los desplazamientos nueve días después del seísmo. Esta respuesta tan rápida se debió en parte al establecimiento de un acuerdo con el principal proveedor de este servicio en Nepal, cuyos detalles se habían cerrado tan solo una semana antes de la catástrofe. Si se cuenta con una computadora dedicada en exclusiva y con una unidad de disco de 20 Tb en el mismo centro de datos del operador telefónico, entonces el equipo de análisis puede ponerse a trabajar de inmediato, y eso permitió dar información a las organizaciones que atendían la emergencia humanitaria tan solo nueve días después del suceso.

Datos masivos y medicina inteligente

Cada visita de un paciente a la consulta médica o a un hospital genera datos que quedan registrados. Los expedientes médicos electrónicos constituyen la documentación legal que certifica los contactos sanitarios de cada paciente e incluyen detalles como el historial, la medicación prescrita o resultados de pruebas clínicas. Los historiales médicos electrónicos pueden contener también datos procedentes de instrumentos, como las imágenes tomadas con equipos de resonancia magnética nuclear. Estos datos se pueden anonimizar y agregar para su uso en investigación. Se estima que, en 2015, un hospital estadounidense medio almacenaba más de 600 Tb de datos, la mayoría de ellos no estructurados. ¿Cómo hacer minería de datos para extraer información que permita mejorar la atención médica y reducir costes? En síntesis, lo que se hace es tomar los datos, tanto estructurados como no estructurados, identificar rasgos relevantes para un paciente, o un conjunto de ellos, y aplicar técnicas estadísticas como la clasificación y la regresión para modelar los resultados. Las notas sobre pacientes suelen constar sobre todo en formato de texto no estructurado y su análisis eficaz requiere técnicas de procesado del lenguaje natural como las del sistema Watson de IBM, que trataremos en el próximo apartado.

IBM estima que, hacia 2020, el volumen de datos médicos se duplicará cada 63 días. Los dispositivos ponibles *(wearable)* se usan cada vez más para monitorizar la salud de individuos sanos y sirven para contar el número de pasos que se dan cada día, medir y ajustar las necesidades de ingestión de calorías, trazar patrones de sueño o dar información inmediata sobre el ritmo cardíaco o la presión sanguínea. La información obtenida se puede trasladar a una computadora personal para llevar un registro privado o, como sucede a veces, se puede compartir de manera voluntaria con las empresas. Este verdadero alud de datos sobre individuos aporta a la comunidad profesional datos valiosos de salud pública y ofrece medios para identificar modificaciones que puedan evitar, por ejemplo, un ataque al corazón. Los datos de poblaciones permitirán al colectivo médico seguir los efectos secundarios de medicamentos concretos, por ejemplo, en función de las características de los pacientes.

Tras la culminación del proyecto Genoma Humano en 2003, los datos genéticos se están convirtiendo en una parte cada vez más importante de nuestros registros médicos individuales y aportan un caudal enorme de datos para la investigación. El proyecto Genoma Humano pretendía secuenciar todos los genes de nuestra especie. La información genética de un organismo considerada de manera colectiva se denomina *genoma*. El genoma humano contiene unos 20.000 genes, y su secuencia ocupa alrededor de 100 Gb de datos. Nos encontramos, por supuesto, ante un área de la investigación genética muy compleja, especializada y con numerosas facetas, pero son interesantes las implicaciones de aplicar en este campo las técnicas de análisis de datos masivos. La información sobre genes resultante se almacena en bases de datos enormes, y recientemente ha surgido la preocupación de si son vulnerables a ataques capaces de identificar a los pacientes que aportaron el ADN. Se ha propuesto añadir información falsa a estos conjuntos de datos por motivos de seguridad, aunque no tanta como para tornarlos inútiles para la investigación. La necesidad de manejar y analizar los datos masivos de la genómica ha conducido al florecimiento del campo interdisciplinar de la bioinformática. En la actualidad, la secuenciación de genes se efectúa cada vez más rápido y con menos costes, por lo que ya es viable secuenciar genomas de individuos concretos. La primera secuenciación de un genoma humano costó unos tres millones de dólares, si se tiene en cuenta la inversión realizada a lo largo de quince años de investigaciones. Pero hoy en día hay empresas que ofrecen servicios de secuenciación individuales por un precio asequible.

El proyecto Humano Fisiológico Virtual (VPH, Virtual Physiological Human) surgió del proyecto Genoma Humano y pretende construir representaciones informáticas que permitan simular tratamientos médicos y optimizarlos para cada paciente a partir de los datos agregados de pacientes reales en un banco enorme. El modelo informático puede predecir el resultado más probable de un tratamiento aplicado a un individuo a través de la comparación con otros pacientes aquejados de síntomas similares y teniendo en cuenta otros detalles médicos relevantes. Para personalizar los tratamientos médicos se utilizan también técnicas de minería de datos que pueden combinarse con simulaciones informáticas capaces de integrar resultados procedentes de imágenes de resonancia magnética. El paciente digital del futuro contendrá toda la información de un paciente real y la irá actualizando a partir del flujo de datos procedente de dispositivos inteligentes. Sin embargo, este proyecto afronta dificultades de seguridad cada vez mayores que suponen un desafío considerable.

Watson en medicina

En 2007, IBM decidió construir una computadora que venciera a los participantes más destacados en el concurso televisivo estadounidense *Jeopardy*. El sistema se llamó Watson, por Thomas J. Watson, uno de los fundadores de IBM, y consistía en un sistema de análisis de datos masivos que se enfrentó a dos de los campeones de *Jeopardy*: Brad Rutter, que resistió en el concurso setenta y cuatro programas, y Ken Jennings, que había llegado a ganar en total 3,25 millones de dólares. *Jeopardy* consiste en un examen en el que el presentador plantea una «respuesta» y el concursante tiene que adivinar la «pregunta». Hay tres participantes y las respuestas o pistas se clasifican por categorías como ciencia, deportes o historia, junto a otras clases menos habituales y más curiosas como «antes y después». Por ejemplo, una pista puede ser: «Su tumba está en el patio de una iglesia de Hampshire y en ella se lee "Caballero, patriota, médico y hombre de letras; 22 de mayo de 1859 – 7 de julio de 1930"». La contestación sería: «¿Quién es sir Arthur Conan Doyle?». Si en la categoría nada evidente titulada «captúralos» aparece la pista: «Buscado por diecinueve asesinatos, este bostoniano se dio a la fuga en 1995 y al final fue capturado en Santa Mónica en 2011», habría que responder: «¿Quién era Whitey Bulger?». Las pistas que se suministraron a Watson para su entrenamiento en forma de texto o material audiovisual no salían en el concurso.

El procesamiento del lenguaje natural (NLP, *Natural Language Processing*) es un campo de la inteligencia artificial que supone un gran reto para la informática y fue crucial para el desarrollo de Watson. La información tiene que estar accesible y ser recuperable, lo que plantea un problema para el aprendizaje automático. El equipo de investigación empezó analizando las pistas de *Jeopardy* según su tipo léxico de respuesta (LAT, *Lexical Answer Type*), que clasifica el tipo de respuesta especificado en la pista. En el segundo ejemplo dado anteriormente, el LAT es «este bostoniano». En el primer ejemplo no hay LAT ni serviría utilizar un pronombre genérico como «eso». El equipo de IBM identificó 2.500 LAT diferentes, pero cubrían tan solo la mitad de las 20.000 pistas procesadas. Acto seguido se fragmenta la pista para identificar palabras clave y las relaciones entre ellas. Se extraen los documentos relevantes de los repositorios presentes en el ordenador, tanto de datos estructurados como no estructurados, y se efectúan búsquedas en ellos. De ahí surgen hipótesis basadas en los análisis iniciales y, al buscar indicios nuevos, se llega a las respuestas posibles.

Para ganar en *Jeopardy* eran cruciales las técnicas más avanzadas de procesamiento del lenguaje natural, de aprendizaje automático y de análisis estadístico. La precisión y la elección de categoría se contaban entre los factores que debían tenerse en cuenta. Los datos de concursantes ganadores sirvieron para calcular una base de referencia y valorar qué rendimiento era aceptable. Después de varios intentos, la solución llegó de la mano del análisis profundo de preguntas y respuestas, también conocido como *DeepQA*, que consiste en una amalgama de muchas técnicas de inteligencia artificial. Este sistema recurre a un gran grupo de computadoras que trabajan en paralelo, pero sin conexión a Internet, y se basa en probabilidades y en datos aportados por expertos. Watson no solo genera una respuesta, sino que además emplea algoritmos que evalúan el nivel de confianza para elegir el mejor resultado. Watson únicamente indica que está listo para contestar cuando supera el umbral de confianza establecido, lo que equivale a la acción de los concursantes humanos cuando pulsan el timbre. Watson derrotó a los dos campeones de *Jeopardy*. Dicen que Jennings asumió la derrota con deportividad declarando: «Personalmente, doy la bienvenida al nuevo amo computador».

El sistema médico Watson se basa en el original de *Jeopardy*. Recupera y analiza datos estructurados y no estructurados. Construye su propio banco de conocimientos, así que en esencia es un sistema que parece crear modelos de los procesos del pensamiento humano en un campo concreto. Los diagnósticos médicos se basan en todo el conocimiento disponible, se basan en datos, y su precisión depende del rigor de los datos de entrada y de si contienen la información relevante y si son coherentes. Los médicos humanos tienen experiencia, pero pueden equivocarse, y unos emiten mejores diagnósticos que otros. El proceso se parece al que ejecutaba el Watson de *Jeopardy*, puesto que toma en cuenta toda la información relevante, devuelve diagnósticos y acompaña cada uno de ellos de un nivel de confianza determinado. Las técnicas de inteligencia artificial incorporadas en Watson permiten procesar datos masivos, incluidos los volúmenes ingentes generados por las técnicas de imagen en medicina.

La supercomputadora Watson es ahora un sistema con múltiples aplicaciones que ha logrado un éxito comercial enorme. Además Watson se ha utilizado en labores humanitarias, como, por ejemplo, un programa de análisis de código abierto desarrollado de manera específica para ayudar en el seguimiento de la expansión del ébola en Sierra Leona.

La privacidad de los datos masivos en medicina

El potencial de los datos masivos para predecir la expansión de una enfermedad es evidente, así como su utilidad para personalizar la medicina, pero ¿qué hay de la otra cara de la moneda: la privacidad de los datos médicos personales? El empleo cada vez más generalizado de dispositivos ponibles y aplicaciones para teléfonos inteligentes plantea interrogantes como a quién pertenecen los datos, dónde se guardan, quién puede acceder a ellos y utilizarlos, o en qué medida están seguros frente a ciberataques. Las cuestiones éticas y legales son muchísimas, pero no se tratarán aquí.

Los datos de los medidores básicos de actividad física pueden estar a disposición de la empresa en la que trabaja una persona y se pueden utilizar en su favor, como, por ejemplo, para ofrecer bonificaciones a quienes logren ciertos parámetros de salud, o en su contra, para marcar a quienes no alcancen esos niveles, lo que podría conllevar la pérdida del empleo. Un equipo de investigación en el que colaboraban miembros de la Universidad Técnica de Darmstadt (Alemania) y de la Universidad de Padua (Italia) publicó en 2016 los resultados de un estudio sobre la fiabilidad de los datos de este tipo de dispositivos. Sometieron a estudio diecisiete aparatos, todos ellos de fabricantes distintos, y llegaron a la alarmante conclusión de que ninguno de ellos era lo bastante fiable como para evitar la manipulación de los datos. Solo cuatro de ellos tomaban algunas medidas para preservar la veracidad de los datos, pero todas ellas fueron soslayadas por el equipo de investigación.

En los Juegos Olímpicos de Río, la mayoría de los representantes de Rusia fueron expulsados tras denuncias documentadas de un plan de dopaje organizado por las autoridades del país. Poco después, en septiembre de 2016, un grupo de piratas informáticos rusos accedió a los registros médicos de atletas de élite, como las hermanas Williams, Simone Biles o Chris Froome, y los publicaron en FancyBears. net. Estos datos residían en el sistema ADAMS de la Agencia Mundial contra el Dopaje (WADA, World

Anti-Doping Agency) y solo revelaban exenciones para uso terapéutico, pero ninguna conducta censurable por parte de los atletas afectados. Parece probable que la primera infiltración en ADAMS se debió a un ataque personalizado o dirigido con suplantación de identidad *(spear phishing)* contra cuentas de correo electrónico. Esta técnica consiste en enviar a una persona situada en niveles bajos de la organización un mensaje de correo electrónico que aparenta proceder de una fuente fiable dentro de la entidad, como un proveedor de servicios sanitarios, para obtener de ella información sensible, como contraseñas o números de cuenta si se logra que el receptor ejecute un programa malicioso.

La preocupación por proteger las grandes bases de datos médicos y, por tanto, la privacidad de los pacientes, frente a ataques informáticos va en aumento. Los datos médicos anonimizados se pueden vender de manera legal, pero incluso en estos casos a veces se consigue identificar a pacientes concretos. Los científicos Latanya Sweeney y Ji Su Yoo, del Laboratorio de Harvard sobre Privacidad de Datos, realizaron un valioso ejercicio que pone de manifiesto la vulnerabilidad de datos que se suponían seguros. Usaron datos médicos accesibles de manera legal y encriptados (es decir, alterados de un modo que dificultara su lectura, véase el capítulo 7), procedentes de Corea del Sur, y consiguieron desencriptar identificadores personales a partir de esos registros y reconocer a pacientes concretos mediante un simple cruce de datos con registros públicos.

Los registros médicos tienen un gran valor para los piratas informáticos. La compañía de seguros médicos Anthem declaró en 2015 que sus bases de datos habían sufrido un ataque que afectó a más de setenta millones de personas. Un grupo de piratas informáticos chinos llamado *Deep Panda* utilizó una contraseña robada para acceder al sistema e instalar un programa malicioso de tipo troyano que extrajo datos cruciales para la identificación personal, como nombres, direcciones y números de seguridad social. Un detalle crítico es que los números de seguridad social, que son identificadores unívocos en Estados Unidos, no estaban encriptados, lo que dejaba el campo libre al robo de identidades. Son muchas las brechas de seguridad que empiezan con un error humano: las personas están muy ocupadas y no se dan cuenta de cambios pequeños en las direcciones de Internet (URL, *Uniform Resource Locator*), se extravían memorias *flash*, o se roban, o se les instalan programas maliciosos en un instante en cuanto un empleado confiado las conecta a un puerto USB. Son muchas las filtraciones de datos debidas a acciones de empleados descontentos, o a errores verdaderos de trabajadores convencionales.

Cada vez aparecen más incentivos nuevos para trabajar en el tratamiento de datos masivos de carácter médico, lanzados por instituciones de renombre mundial, como las clínicas Mayo o la sociedad médica Johns Hopkins en Estados Unidos, el Servicio Nacional de Salud británico (NHS, National Health Service) o el Hospital Universitario Clermont-Ferrand en Francia. Los sistemas basados en la Nube permiten el acceso a los datos desde cualquier lugar del mundo a usuarios autorizados. Por dar tan solo un ejemplo, el NHS tiene previsto hacer accesibles en 2018 los historiales médicos de pacientes a través de teléfonos inteligentes. Es inevitable que estos avances generen más ataques sobre los datos con los que trabajan, y habrá que dedicar esfuerzos considerables a desarrollar sistemas de protección eficaces que garanticen la seguridad de la información.

6

Datos masivos, negocio masivo

J. Lyons & Co. es una empresa británica de hostelería y restauración famosa por su red de cafeterías Corner House. En la década de 1920 contrató a un joven matemático de Cambridge llamado John Simmons para que efectuara unas estadísticas. Simmons reclutó a Raymond Thompson y a Oliver Standingford para que hicieran una visita prospectiva a Estados Unidos en 1947. En el curso de esa visita repararon en el potencial de las computadoras electrónicas para realizar cálculos rutinarios, y Simmons, impresionado por este hallazgo, logró convencer a Lyons para que adquiriera una.

Se estableció una colaboración con Maurice Wilkes, que por entonces desarrollaba la computadora EDSAC (*Electronic Delay Storage Automatic Calculator,* «computadora automática de almacenamiento electrónico diferido») en la Universidad de Cambridge, lo que condujo a la creación de la Oficina Electrónica Lyons. Esta computadora trabajaba con tarjetas perforadas, y Lyons la utilizó por primera vez en 1951 para tareas básicas de contabilidad, como sumar columnas de cifras. Lyons había fundado su propia empresa de computadoras hacia el año 1954 y estaba desarrollando LEO II, a la que siguió LEO III.

Los primeros ordenadores de oficina se empezaron a instalar en la década de 1950 pero, debido a que utilizaban válvulas termoiónicas (6.000 en el caso de LEO I) y cintas magnéticas, y también a que contaban con una memoria RAM muy escasa, estas primeras máquinas resultaban poco fiables y tenían unas aplicaciones limitadas. La Oficina Electrónica Lyons original se suele citar como la primera empresa de computadoras, y abrió el camino que condujo al comercio electrónico moderno. Tras varias fusiones, esa empresa quedó integrada en ICL (International Computers Limited) en 1968.

Comercio electrónico

Las máquinas LEO y las pesadas computadoras centrales que las siguieron servían tan solo para masticar números en labores de contabilidad y auditoría. El personal que antes se pasaba los días cuadrando columnas de cifras se dedicaba ahora a confeccionar las tarjetas perforadas para los ordenadores, una labor no menos tediosa y que requería el mismo grado de atención.

El acceso de las empresas comerciales a las computadoras suscitó el interés por lograr un uso más eficiente, con bajada de costes y mayor margen de beneficios. El desarrollo del transistor y su aplicación en computadoras comerciales permitió construir máquinas más pequeñas, y a comienzos de la década de 1970 aparecieron los primeros ordenadores personales. Pero hubo que esperar hasta 1981 para que la empresa IBM (International Business Machines) lanzara al mercado el IBM-PC, un aparato que usaba discos flexibles para almacenar datos, una idea que prendió con fuerza en el mundo de los negocios. Generaciones sucesivas de PC brindaron cada vez mejores prestaciones en procesamiento de texto y hojas de cálculo, lo que permitió aliviar en gran medida las tareas más ingratas en el trabajo rutinario de oficina.

La tecnología que permitía el almacenamiento de datos en discos flexibles animó a pensar que, en el futuro, las empresas podrían funcionar sin necesidad de utilizar papel. Un artículo de 1975 publicado en la revista estadounidense *BusinessWeek* especulaba con que la oficina sin papeles sería una realidad hacia 1990. El argumento era que, si se reducía el uso de papel de una manera significativa, o incluso si se llegaba a suprimir, se lograrían oficinas más eficientes y menos costosas. El uso del papel en el trabajo de oficina se redujo en cierta medida en la década de 1980, cuando buena parte de los datos que se solían registrar en papeles que llenaban armarios enteros pasaron a los ordenadores. Pero luego volvió a repuntar alrededor de 2007, debido sobre todo a las fotocopias. Desde entonces, el uso de papel volvió a reducirse poco a poco gracias al empleo cada vez mayor de dispositivos inteligentes portátiles y de recursos tales como la firma electrónica.

Aún no se ha materializado la aspiración original, tan optimista, de los primeros tiempos de la era digital de lograr oficinas sin papeles, pero estas han experimentado una revolución con el empleo del correo electrónico, los procesadores de texto y las hojas de cálculo electrónicas. Sin embargo, lo que ha convertido el comercio electrónico en una propuesta practicable ha sido el uso generalizado de Internet.

Las compras por Internet tal vez constituyen el ejemplo más conocido. Los clientes disfrutan de la comodidad de comprar desde casa sin perder tiempo haciendo cola en las tiendas. Hay pocas desventajas, pero, según el tipo de compra, entre ellas se puede contar la falta de contacto con el personal de la tienda, lo que puede disuadir de comprar en la Red. Este tipo de problemas se va resolviendo cada vez más gracias a recursos electrónicos de atención al cliente como servicios de *chat*, opiniones sobre productos colgadas en la Red por otros clientes o valoraciones basadas en estrellas, una inmensa variedad de productos y servicios para elegir junto a generosas estrategias de devolución. Además de comprar y pagar productos por Internet, ahora también podemos abonar facturas, gestionar cuentas bancarias, adquirir billetes de avión o acceder a un montón de servicios adicionales *online*.

El portal de comercio electrónico de eBay funciona de un modo bastante distinto y vale la pena mencionarlo por la gran cantidad de datos que genera. Las transacciones relacionadas con puja en subastas y las ventas implicadas producen en eBay alrededor de 1 Tb de datos cada día, procedentes de las búsquedas, las ventas y las pujas que realiza un colectivo de usuarios activos que, según dicen, asciende a 160 millones de personas en 190 países. Estos datos, procesados con las herramientas adecuadas, han permitido implementar ahora un sistema de recomendaciones personalizadas similar al que emplea Netflix y que se trata más adelante en este capítulo.

Las redes sociales brindan a las empresas interacción instantánea en todos los ámbitos comerciales, desde hoteles o vacaciones hasta ropa, ordenadores o yogures. Las compañías pueden utilizar esta información para comprobar qué productos funcionan, en qué medida lo hacen y qué suscita quejas o reclamaciones, lo que permite resolver los problemas antes de que se les vayan de las manos. Aún más valor tiene la capacidad de predecir lo que demanda el mercado a partir de ventas o de la actividad en los sitios de Internet. Las redes sociales como Facebook o Twitter recopilan cantidades masivas de datos no estructurados que las empresas aprovechan para sus negocios aplicando métodos de análisis adecuados. Los servicios de viajes como TripAdvisor también comparten información con terceros.

Publicidad con pago por clic

El mundo profesional reconoce cada vez más que un uso apropiado de los datos masivos proporciona información útil y genera clientela nueva mediante la mejora de los productos ofrecidos y la publicidad dirigida. Siempre que se navega por la Red aparece publicidad, y hasta es posible que muchos lectores hayan colgado sus propios anuncios gratis en sitios de subastas como eBay.

Una de las modalidades de publicidad más extendidas sigue el sistema de pago por clic *(pay-per-click)*, que consiste en que los anuncios relevantes surgen como elementos emergentes cuando se efectúa una búsqueda en Internet. Si una empresa quiere que sus anuncios aparezcan relacionados con un término de búsqueda concreto, se le hace una oferta al proveedor de servicios sobre una palabra clave asociada a ese término. También se establece un límite de gasto diario. Los anuncios surgen ordenados de acuerdo con un sistema que tiene en cuenta, entre otras cosas, qué empresa ha lanzado la oferta más cuantiosa para ese término.

Si la persona que navega llega a hacer clic en el anuncio, entonces el anunciante tiene que pagar al proveedor de servicios la cantidad acordada. Solo se paga si alguna persona interesada hace clic en el anuncio, por lo que interesa que la publicidad se ajuste bien a los términos buscados y con ello aumente la probabilidad de que quien navega por la Red acabe pulsando en ella. Se emplean algoritmos complejos que aseguran el máximo beneficio al proveedor de servicios (quizá Google o Yahoo). Google Adwords es la mejor implementación conocida del sistema de pago por clic. Al buscar en Google aparecen de manera automática unos anuncios en el lateral de la pantalla generados por Adwords. La desventaja de este método es que cada clic puede salir caro, y que existe un límite para el número de caracteres permitidos en el anuncio con la finalidad de que no ocupe demasiado espacio.

Los clics fraudulentos suponen otro problema. Por ejemplo, una empresa rival puede pulsar los anuncios de otra multitud de veces para provocarle costes. También hay programas informáticos maliciosos con este fin, llamados *clickbots* («robots de hacer clic»). La víctima de estos fraudes es el anunciante, porque el proveedor de servicios recibe un pago y no hay clientes de por medio. Pero a los proveedores de servicios les conviene garantizar la seguridad y proteger una línea de negocio lucrativa, por lo que se está investigando bastante para combatir estos fraudes. Quizá el modo más sencillo consista en registrar el número de clics necesarios, en promedio, para generar una compra. Luego, si se constata un incremento brusco en el número de clics o si hay un número muy elevado de ellos pero sin compras, entonces lo más probable es que haya habido un fraude.

La publicidad dirigida constituye un enfoque que contrasta con los acuerdos de pago por clic, porque se basa de manera explícita en el registro de la actividad en la Red de cada persona usuaria. Vamos a ver cómo funciona esto pero, para ello, antes debemos echar una ojeada más detenida a las *cookies*, ya mencionadas brevemente en el capítulo 1.

Cookies

Este término apareció por primera vez en 1979, cuando se creó para el sistema operativo UNIX un programa llamado *Fortune Cookie*, o sea, «galleta de la suerte», que extraía para el usuario una cita aleatoria de una gran base de datos. Hay varios tipos de *cookies* (literalmente, «galletas»), pero todos ellos se generan en el exterior de la computadora del usuario y se utilizan para mantener el registro de la actividad efectuada en sitios de Internet o en ordenadores remotos. Al visitar una página en Internet se guarda en la computadora local un pequeño fichero enviado al programa de navegación a modo de mensaje por el servidor al que se ha accedido. Este mensaje es un ejemplo de *cookie*, pero las hay de muchos otros tipos, como las que se utilizan para la identificación de usuarios o las que sirven para seguir el rastro de terceros.

Publicidad dirigida

Todos y cada uno de los clics que se efectúan durante la navegación por la Red se registran y se utilizan para producir publicidad dirigida.

Estos datos acerca de los usuarios se envían a las redes publicitarias de terceros y se almacenan en el ordenador local en forma de *cookie*. Al hacer clic en otros sitios de Internet atendidos por la misma red publicitaria aparecen en la pantalla anuncios de productos relacionados con los clics previos. Hay un complemento gratuito de Mozilla Firefox llamado *Lightbeam* que permite seguir el rastro de las empresas que recopilan los datos de actividad en la Red.

Sistemas de recomendación

Los sistemas de recomendación consisten en un mecanismo de filtro que permite proporcionar información a los usuarios según sus propios intereses. Hay otros tipos de sistemas de recomendación que no se basan en los intereses del usuario, sino que muestran en tiempo real las *tendencias*, es decir, qué están buscando otros usuarios. Entre las empresas que usan sistemas de recomendación se encuentran Netflix, Amazon y Facebook.

El filtrado colaborativo es un sistema bastante extendido que decide qué productos recomendar a partir de datos sobre compras y búsquedas de muchos individuos. Los historiales se comparan entre sí en una gran base de datos que contiene lo que agrada o desagrada a multitud de consumidores, y de ahí se deducen recomendaciones de productos. Sin embargo, una comparación simple suele no dar buenos resultados. Veamos un ejemplo.

Supongamos que una librería en la Red vende a un comprador un libro de recetas de cocina. Lo fácil sería pasar a recomendarle, acto seguido, todos los demás libros de cocina, pero sería raro que esta acción tuviera éxito a la hora de conseguir más compras, porque hay demasiados libros de cocina y el cliente ya es consciente de sus propios gustos. Lo que haría falta es algún modo de restringir el número de títulos a aquellos que este cliente concreto sí podría comprar. Consideremos tres clientes, Suárez, Jiménez y Bermúdez, y sus compras de libros (figura 19).

	Ensaladas a diario	Hoy toca pasta	Postres del futuro	Vino para todos los gustos
Suárez	compró		compró	
Jiménez	compró			compró
Bermúdez		compró	compró	compró

Figura 19. Libros adquiridos por Suárez, Jiménez y Bermúdez.

Vamos a preguntarle al sistema de recomendación qué libro convendría aconsejar a Suárez y a Jiménez. Queremos saber qué es más probable que compre Suárez, *Hoy toca pasta* o bien *Vino para todos los gustos*.

Para ello hay que utilizar un parámetro estadístico que se suele emplear para comparar conjuntos y que se denomina *índice de Jaccard*. Este indicador se calcula como el número de elementos que dos conjuntos tienen en común, dividido entre el número total de elementos distintos que hay en los dos conjuntos. El resultado ofrece una medida de la semejanza entre conjuntos en forma de la proporción de elementos que tienen en común. La *distancia de Jaccard* se define como uno menos el índice de Jaccard y mide cuán diferentes son los conjuntos.

En la figura 19 se ve que Suárez y Jiménez tienen un libro en común: *Ensaladas a diario*. Entre ambos han adquirido un total de tres libros diferentes: *Ensaladas a diario*, *Los postres del futuro* y *Vino para todos los gustos*. Se deduce que el índice de Jaccard es 1/3, y que la distancia de Jaccard es 2/3. La figura 20 muestra estos cálculos para todos los pares posibles de compradores.

A Suárez y a Jiménez les corresponde un índice de Jaccard mayor que a Suárez y a Bermúdez, lo que apunta una similitud más elevada. Esto significa que Suárez y Jiménez están más próximos en cuanto a hábitos de compra, así que vamos a recomendarle a Suárez *Vino para todos los gustos*. Pero, ¿qué recomendaríamos a Jiménez? Suárez y Jiménez tienen un índice mayor que Jiménez y Bermúdez, así que le sugeriremos *Los postres del futuro*.

	Número de títulos en común	Total de títulos distintos adquiridos	Índice de Jaccard	Distancia de Jaccard
Suárez y Jiménez	1	3	1/3	2/3
Suárez y Bermúdez	1	4	1/4	3/4
Jiménez y Bermúdez	1	4	1/4	3/4

Figura 20. Índice y distancia de Jaccard.

Pero supongamos ahora que los compradores valoran los artículos adquiridos en una escala de una a cinco estrellas. Este tipo de datos se usa buscando consumidores que hayan asignado la misma calificación a los mismos libros y, entonces, se consulta qué otros productos adquirieron a la vista de su historial de compras. La figura 21 presenta la tabla con puntuaciones.

	Ensaladas a diario	Hoy toca pasta	Postres del futuro	Vino para todos los gustos
Suárez	5		3	
Jiménez	2			5
Bermúdez		1	4	3

Figura 21. Puntuación de compras mediante estrellas.

En este caso se aplica un cálculo distinto, llamado *similitud coseno*, que tiene en cuenta la clasificación por puntos. Ahora la información de las puntuaciones mediante estrellas se procesa como si se tratara de vectores. El módulo (o longitud) de los vectores se normaliza a la unidad y deja de intervenir en los cálculos de aquí en adelante. La semejanza entre dos vectores se evalúa a partir de sus direcciones determinadas de acuerdo con las puntuaciones. La similitud coseno entre dos vectores se halla aplicando la teoría de espacios vectoriales. El cálculo concreto es bastante distinto al método trigonométrico habitual, pero aun así se mantienen las propiedades básicas como, por ejemplo, que los cosenos adopten valores entre 0 y 1. Si tenemos dos vectores, cada uno de los cuales representa las puntuaciones asignadas por una persona, y resulta que su similitud coseno vale 1, entonces el ángulo que media entre ellos es nulo, porque el coseno de cero es la unidad, de donde se deduce que los vectores coinciden y que ambas personas tienen gustos coincidentes.

Cuanto mayor sea el valor de la similitud coseno, más se asemejan los criterios de los consumidores.

Los detalles matemáticos se pueden consultar en el apartado de lecturas recomendadas al final de este libro. Lo que nos interesa ahora es que la similitud coseno entre Suárez y Jiménez asciende a 0,350, mientras que entre Suárez y Bermúdez vale 0,404. Se obtiene así un resultado opuesto al anterior, que indica que los gustos de Suárez y Bermúdez se asemejan más entre sí que los de Suárez y Jiménez. Cabe hacer una interpretación informal en tanto que Suárez y Bermúdez tienen opiniones sobre *Postres del futuro* más parecidas entre sí que las opiniones de Suárez y Jiménez acerca de *Ensaladas a diario*.

Entre las empresas que utilizan algoritmos de filtrado colaborativo se cuentan dos que veremos a continuación: Netflix y Amazon.

Amazon

En 1994, Jeff Bezos fundó Cadabra, una empresa que cambió su nombre a Amazon el año siguiente, cuando se lanzó Amazon.com. Al principio no era más que una librería por Internet, pero ahora es una empresa internacional de comercio electrónico con más de 304 millones de clientes en todo el mundo. Se dedica tanto a la producción como a la venta de un abanico amplísimo de productos, desde dispositivos electrónicos hasta libros o incluso alimentos perecederos, como yogures, leche o huevos a través de su rama Amazon Fresh. También es una de las empresas líderes en datos masivos que proporciona soluciones en este campo basadas en la Nube para empresas a través de su filial Amazon Web Services, que utiliza desarrollos basados en Hadoop.

Amazon recopila datos acerca de qué libros se compran, cuáles se consideran aunque no se adquieran, cuánto tiempo pasa cada persona valorando cada libro en particular, y si los títulos guardados como interesantes se acaban convirtiendo o no en compras. A partir de estos datos pueden medir cuánto gasta un consumidor en libros cada mes o cada año, así como determinar si se trata o no de un cliente habitual. Los datos reunidos por Amazon en los primeros tiempos se analizaban mediante técnicas estadísticas estándar. Se tomaban muestras de datos de cada persona y, sobre la base de las similitudes halladas, se recomendaba al cliente más de lo mismo. Pero en 2001 los equipos de investigación de Amazon fueron un paso más allá y lograron registrar la patente de una técnica llamada *filtrado colaborativo por producto (item-to-item)*. Este método busca productos semejantes, en lugar de clientes parecidos.

Amazon recopila cantidades ingentes de datos entre los que figuran direcciones, datos de pago y detalles acerca de todo lo que cada individuo ha consultado o comprado alguna vez. Amazon usa sus datos para animar al consumidor a gastar más dinero en su tienda digital y, para ello, hace todo lo posible por darle al cliente ya hecho el trabajo de análisis del mercado. Por ejemplo, en el caso de los libros, Amazon no solo debe contar con una oferta muy amplia, sino que además debe afinar mucho las recomendaciones para cada cliente particular. Amazon rastrea también los hábitos de quienes se suscriben a Amazon Prime en cuanto a visión de películas y a lecturas. Muchos consumidores utilizan teléfonos inteligentes con localización por GPS, lo que permite a Amazon registrar datos que incluyen ubicación y hora. Esta cantidad tan importante de información se utiliza para construir perfiles de los usuarios que permiten identificar similitudes entre ellos para hacerles sugerencias parecidas.

Desde 2013, Amazon vende los metadatos de sus usuarios a anunciantes para promocionar su línea de negocio en servicios de Internet, que ha crecido muchísimo con esta estrategia. La plataforma de computación en la Nube de Amazon, Amazon Web Services, dispone de sistemas de seguridad del máximo nivel que tienen en cuenta múltiples aspectos. Para asegurar que las cuentas de usuario solo estén disponibles para las personas autorizadas, se aplican unas técnicas de seguridad entre las que figuran, por ejemplo, el uso de contraseñas, sistemas de doble clave o firmas electrónicas.

Los propios datos de Amazon se salvaguardan de un modo similar, con multiprotección y encriptados por medio del algoritmo AES (*Advanced Encryption Standard*, «estándar de encriptación avanzada»), y se almacenan en centros de datos específicos repartidos por todo el mundo. La conexión entre máquinas, como la que se establece entre el ordenador del consumidor y Amazon.com, se efectúa mediante un estándar industrial llamado SSL *(Secure Sockets Layer)*.

Amazon ha ideado el *envío anticipado*, un sistema basado en el análisis de datos masivos. La idea consiste en usar datos masivos para prever de antemano lo que va a encargar un cliente. En principio se pretendía enviar un producto al centro de reparto antes de que llegara a materializarse el encargo. Pero, como extensión sencilla de este enfoque, se puede enviar y entregar un producto a un cliente que quedará encantado al recibir gratis un paquete sorpresa. Dada la política de devoluciones de Amazon, este proceder no parece mala idea. Se prevé que la mayoría de los clientes se quedará los productos que reciba sin haberlos encargado, porque los envíos se basan en sus preferencias personales deducidas mediante el análisis de datos masivos. La patente de Amazon de 2014 sobre envíos anticipados afirma también que es posible comprar una buena imagen de marca para la empresa mediante el envío de regalos promocionales. Y lo que Amazon considera importante en su actividad es justamente una buena imagen de marca, el incremento de ventas a través del comercio personalizado y la reducción de los tiempos de entrega. Amazon cursó también una patente para la entrega de mercancías mediante drones autónomos denominada *Prime Air*. La Administración Federal de Aviación de Estados Unidos rebajó en septiembre de 2016 las normas para los drones operados por entidades comerciales con el fin de permitir el vuelo más allá de la visión directa del operador en ciertas situaciones muy controladas. Este podría ser el primer paso en la carrera que Amazon pretende ganar consiguiendo entregar paquetes menos de media hora después de haber efectuado el encargo, lo que tal vez acabe llevándonos a que un dron nos entregue en casa un litro de leche poco después de que la nevera inteligente haya detectado que se está acabando.

Amazon Go, un comercio de alimentación ubicado en Seattle, ha sido el primero en no exigir que se pase por caja después de hacer la compra. Hacia diciembre de 2016 estaba abierto solo para el personal de Amazon y se han pospuesto los planes para ponerlo a disposición del público general, lo que en principio pensaba hacerse en enero de 2017. Los únicos detalles técnicos disponibles hasta ahora son los que constan en la patente que se solicitó hace dos años y que describe un sistema que elimina la necesidad de pasar por una caja registradora y, uno por uno, todos los artículos comprados al salir de la tienda. Lo que se hace es añadir de manera automática los detalles de cada objeto comprado a un carrito de la compra virtual. El pago se efectúa luego de manera electrónica cuando se sale de la tienda a través de una zona de tránsito, y siempre que se disponga de una cuenta en Amazon y de un terminal telefónico inteligente que tenga instalada la aplicación de Amazon Go. El sistema Go se basa en una serie de sensores, muchísimos, que se utilizan para detectar cuándo se retiran artículos de las estanterías o cuándo se devuelven a ellas.

Esta modalidad de compra aportará a Amazon una cantidad abrumadora de datos con posible uso comercial. El registro de cada uno de los actos de compra entre la entrada y la salida de la tienda permitirá a Amazon emplear esos datos para hacer recomendaciones a cada persona la próxima vez que acuda al comercio, siguiendo un método parecido al que se aplica en las compras por Internet. Pero también es posible que surjan problemas relacionados con el valor que le damos a la privacidad, sobre todo con aspectos como la posibilidad mencionada en la patente de usar sistemas de reconocimiento facial para identificar a clientes.

Netflix

Netflix es otra compañía con sede en Silicon Valley. Se fundó en 1997 como empresa de alquiler de discos

DVD por correo. Al retirar un DVD se añadía otro a la cola, y este segundo se enviaba al cliente en cuanto se devolvía el anterior. Un rasgo muy útil consistía en la posibilidad de asignar prioridades a los títulos puestos en cola. Este servicio sigue estando disponible y aún genera negocio, aunque va decayendo poco a poco. Netflix es ahora un proveedor de medios audiovisuales en tiempo real *(streaming)*, a través de Internet, que en 2015 contaba con unos 75 millones de suscriptores en 190 países por todo el mundo y que ha ampliado su línea de negocio al campo de la producción de sus propios programas.

Netflix recopila y utiliza cantidades enormes de datos con el fin de mejorar el servicio al cliente ofreciendo, por ejemplo, recomendaciones personalizadas, a la vez que procura que la transmisión de las películas en tiempo real resulte fiable. El sistema de recomendaciones está en el corazón del modelo de negocio de Netflix, y la mayor parte de su actividad gira en torno al tipo de propuestas que logra formular a la clientela. Netflix rastrea la actividad de cada persona que lo utiliza: qué cosas ve, qué contenidos ojea, qué búsquedas realiza, así como el día y la hora en que se ejecuta cada acción. También toma nota de si la conexión se realiza desde una tableta, un televisor o un dispositivo diferente.

Netflix anunció en 2006 un concurso en formato de colaboración abierta con la intención de mejorar su sistema de recomendaciones. Ofreció un premio de un millón de dólares para el algoritmo de filtrado colaborativo que lograra mejorar en un 10% la exactitud a la hora de predecir las valoraciones de películas que hacen los clientes. Netflix aportaba más de cien millones de registros, como los datos de entrenamiento para el aprendizaje de las máquinas y la minería de datos en el curso de la competición, y prohibía el uso de otros datos. Netflix concedió un premio parcial provisional (llamado Premio al Avance, o Progress Prize) que ascendía a 50.000 dólares y que ganó el equipo Korbell en 2007 por resolver un problema relacionado, aunque algo más sencillo. Por supuesto, lo de «sencillo» hay que entenderlo aquí en sentido relativo, porque la solución en cuestión combinaba 107 algoritmos distintos para componer dos algoritmos finales que Netflix aún utiliza con mejoras continuas. Estos algoritmos se calibran para manejar cien millones de valoraciones, en contraste con los cinco mil millones que debería procesar el algoritmo que aspire a ganar el premio íntegro. El premio completo lo ganó finalmente el equipo BellKor's Pragmatic Chaos en 2009, cuyo algoritmo logró una mejora del 10,06 % respecto del que se usaba en ese momento. Netflix no llegó nunca a implementar por completo el algoritmo ganador, sobre todo porque para entonces su modelo de negocio había cambiado para reorientarse hacia su línea actual y tan conocida de transmisión de contenidos multimedia en tiempo real por Internet.

El paso del servicio postal al suministro de películas en tiempo real por la Red permitió a Netflix recopilar mucha más información sobre las preferencias de sus clientes y sus hábitos de consumo, lo que a su vez facilitó la emisión de mejores recomendaciones. Sin embargo, Netflix se aparta del sistema digital en que tiene contratada una cuarentena de evaluadores externos (*taggers*) por todo el mundo que se dedican a ver películas y clasificarlas de acuerdo con su contenido, el cual identifican mediante etiquetas como «ciencia ficción» o «comedia». De este modo, las películas quedan clasificadas por categorías no mediante programas informáticos, sino aplicando el criterio de seres humanos… Al menos en principio, porque hay más sobre esto.

Netflix usa un abanico amplio de algoritmos para formular sugerencias que, tomados en su conjunto, constituyen un sistema de recomendaciones. Todos estos algoritmos trabajan sobre los datos masivos agregados que recopila la empresa. El filtrado por contenido, por ejemplo, analiza los datos proporcionados por los evaluadores y localiza películas y programas de televisión de características similares de acuerdo con su género y con los actores que aparecen. El filtrado colaborativo rastrea los hábitos de consumo y de búsqueda de los clientes. Las sugerencias se basan en los contenidos elegidos por otros clientes que tienen perfiles similares. Este modo de proceder pierde eficacia cuando hay más de una sola persona utilizando la misma cuenta de usuario, lo que es muy habitual en el caso de familias, cuyos miembros por fuerza tienen gustos y costumbres diferentes. Para soslayar este problema, Netflix introdujo la opción de crear varios perfiles dentro de cada cuenta.

La televisión bajo demanda a través de Internet es otra de las áreas en las que Netflix está creciendo, y el análisis de datos masivos se tornará más importante a medida que esta actividad progrese. Ahora Netflix puede no solo recopilar información sobre búsquedas o valoraciones, sino también registrar la frecuencia con que se pulsan los botones de pausa o de avance rápido, o si se termina de ver o no un programa. También sigue cómo, cuándo y dónde se ven los programas, y una serie de variables demasiado numerosas para enumerarlas aquí. El análisis de datos masivos permite incluso predecir con bastante exactitud si un cliente cancelará la suscripción.

Ciencia de datos

Las personas que trabajan en el campo de los datos masivos suelen denominarse *científicos de datos*. El informe McKinsey de 2012 llamaba la atención sobre la escasez de científicos de datos que había en Estados Unidos, y estimaba que hacia 2018 se echarían de menos unos 190.000. Esta tendencia se percibe en todo el mundo, y la diferencia entre la cantidad de expertos disponible y la necesaria parece ir en aumento, a pesar de las iniciativas de los gobiernos para promocionar la formación de especialistas en este campo. Las carreras académicas en ciencia de datos empiezan a ser una opción bastante atractiva en las universidades, pero los graduados formados hasta ahora no bastan para satisfacer la demanda del comercio y la industria, donde los puestos de trabajo en ciencia de datos brindan salarios elevados a los candidatos con experiencia. Los datos masivos en las empresas se orientan hacia la obtención de beneficios, y las entidades pueden desengañarse pronto si las personas que se dedican a su análisis trabajan con sobrecarga y sin experiencia suficiente y no logran proporcionar a la compañía los resultados positivos esperados. Con demasiada frecuencia, las empresas demandan científicos de datos que sirvan para todo con grandes competencias, desde el análisis estadístico al almacenamiento de datos o la seguridad.

La seguridad de los datos posee una importancia crucial para cualquier compañía, y los datos masivos acarrean sus propios problemas a este respecto. La convocatoria del Premio Netflix 2 se tuvo que cancelar en 2016 por problemas con la seguridad de los datos. Otros pirateos de datos en tiempos recientes han sido los de la empresa Adobe en 2013; eBay y el banco JP Morgan Chase en 2014; Anthem (una empresa estadounidense de servicios médicos) y Carphone Warehouse en 2015; MySpace en 2016 y LinkedIn en 2012, aunque este último pirateo no llegó a detectarse hasta 2016. Esto no es más que una pequeña muestra, y hay muchas más empresas que han sufrido ataques o se han visto afectadas por otros fallos de seguridad que han terminado con la difusión no autorizada de datos reservados. En el capítulo 7 trataremos a fondo algunos fallos de seguridad relacionados con datos masivos.

7

Seguridad y datos masivos:
el caso Snowden

Los usuarios del dispositivo de libros electrónicos Kindle de Amazon comprobaron en julio de 2009 que la realidad imita al arte cuando de sus dispositivos desapareció la novela *1984* de Orwell. En esta obra se habla del empleo del «agujero de la memoria» para incinerar los documentos que se consideran subversivos o que ya no se quiere conservar. La desaparición de los documentos es constante y eso permite escribir una versión nueva de la historia. Podría haberse tratado de una broma desafortunada, pero la realidad es que tanto *1984* como *Rebelión en la granja*, ambas de Orwell, fueron retiradas de los dispositivos Kindle como consecuencia de un desacuerdo entre Amazon y la editorial. Los consumidores se enfadaron, porque habían pagado los libros electrónicos y daban por hecho que les pertenecía. Una denuncia interpuesta por un estudiante de secundaria y por otra persona derivó en un acuerdo extrajudicial en el que Amazon se comprometía a no volver a borrar libros de los Kindle de sus usuarios salvo en ciertas circunstancias, entre las que se incluía *«que una orden judicial o una norma legal requiriera el borrado o la modificación»*. Amazon ofreció a los clientes afectados elegir entre la devolución del dinero, un cheque regalo o la reposición de los libros borrados. No solo se nos impide vender o prestar los libros electrónicos de nuestros Kindle, sino que además no parecemos ser sus dueños en absoluto.

El incidente con los dispositivos Kindle fue el resultado de un problema legal y no se hizo con mala intención, pero aun así es útil para ilustrar lo sencillo que resulta eliminar documentos electrónicos y, en ausencia de copias impresas, lo simple que sería erradicar cualquier texto considerado indeseable o subversivo. El libro físico sigue siendo el mismo ayer y hoy, sin ninguna duda, pero cuando se lee algo en la Red no hay ninguna seguridad de que mañana vaya a seguir poniendo lo mismo. En la Red no hay certezas absolutas. Es muy fácil manipular los documentos electrónicos porque es posible modificarlos o actualizarlos sin conocimiento del autor. Esto puede provocar daños considerables en muchas situaciones, como las que podrían darse si se manipulan historiales médicos electrónicos. Hasta es posible piratear incluso las firmas electrónicas, que están diseñadas expresamente para autentificar documentos electrónicos. Esto pone de relieve algunos de los problemas a los que se enfrentan los sistemas de datos masivos, como garantizar que de verdad funcionan como se pretendía que lo hicieran, que se puedan reparar en caso de fallo, o que sean a prueba de manipulaciones y estén accesibles solo para quienes dispongan de la autorización legítima.

La clave está en asegurar cada red y los datos que contiene. Para salvaguardar las redes frente a accesos no autorizados se suele adoptar como medida básica la instalación de un *cortafuegos (firewall)*, un sistema que aísla la red de accesos indeseados desde Internet. Una red puede ser segura frente a ataques directos como los debidos a virus o troyanos y, al mismo tiempo, poner en peligro los datos que contiene, sobre todo si no están encriptados. Por ejemplo, la técnica de suplantación de identidad (o *phishing*) tiene como objetivo introducir programas maliciosos enviándolos en forma ejecutable por correo electrónico, o conseguir datos personales o de seguridad como contraseñas. Pero el problema principal al que se enfrentan los datos masivos es el del pirateo informático *(hacking)*.

El comercio Target, una tienda de venta al por menor, sufrió en 2013 un pirateo que condujo al robo de los datos de clientes almacenados en unos 110 millones de registros, entre los que figuraban detalles sobre las tarjetas de crédito de cuarenta millones de personas. Al parecer, para el mes de noviembre, los intrusos habían introducido ya su código malicioso *(malware)* en la mayoría de las máquinas de venta automática de Target, con lo que lograban hacerse con los datos de las tarjetas bancarias de los clientes a través de las transacciones y en tiempo real. Por entonces, el sistema de seguridad de Target estaba monitorizado veinticuatro horas al día por un equipo de especialistas con base en Bangalore. Detectaron cierta actividad sospechosa y lo comunicaron al equipo central de seguridad en Minneapolis, el cual no acertó a reaccionar de manera adecuada ante el aviso. Pero aún mayor fue el pirateo de Home Depot, el cual, como vamos a ver ahora, aplicó técnicas parecidas pero condujo a un robo de datos descomunal.

El pirateo de Home Depot

Home Depot es una empresa que se describe a sí misma como el mejor comercio minorista de artículos para la mejora del hogar. El día 8 de septiembre de 2014 emitieron una nota de prensa en la que comunicaban el pirateo de sus sistemas de datos de pago. El día 18 del mismo mes ampliaron la información y comunicaron que el ataque había afectado a unos 56 millones de tarjetas bancarias. Dicho de otro modo, se había producido el robo de los datos de 56 millones de tarjetas. Además, también se robaron 53 millones de direcciones electrónicas. Esta vez los piratas informáticos usaron técnicas de suplantación de identidad para hacerse con los datos de acceso de un vendedor, lo que les dio una entrada fácil al sistema, aunque solo a la parte autorizada a este proveedor concreto.

El paso siguiente consistió en acceder al sistema completo. Por entonces, Home Depot utilizaba el sistema operativo Microsoft Windows XP, afectado por un gazapo del que supieron aprovecharse los piratas. A continuación atacaron el sistema de pago en caja automática porque se trataba de un subsistema bien diferenciado dentro del conjunto. Acabaron infectando 7.500 terminales de autopago con programas maliciosos que sustraían los datos de los clientes. Para ello usaron BlackPOS, un programa malicioso también conocido como *Kaptoxa* que está diseñado de manera específica para hacerse con datos de tarjetas de crédito en los terminales infectados. Los datos de las tarjetas bancarias deben encriptarse, por motivos de seguridad, cuando se usa este medio de pago en el terminal de un punto de venta, pero parece que esta prestación de encriptación punto a punto no se había implementado aún, de modo que los detalles se pasaban en abierto, accesibles a los piratas informáticos.

El robo se descubrió cuando los bancos empezaron a detectar operaciones fraudulentas en cuentas en las que se habían cargado compras recientes en Home Depot. Los datos de las tarjetas se vendieron a través de Rescator, un sitio del Internet oscuro especializado en delincuencia cibernética. Lo interesante del caso es que los consumidores que pasaban por las cajas de pago normales, atendidas por una persona, no fueron víctimas del ataque aunque pagaran con tarjeta. Parece que esto se debió a que la computadora central identificaba las cajas ordinarias tan solo mediante números, lo que dificultó que los piratas detectaran esos sistemas como puntos de pago. Quizá se habría podido evitar este incidente si Home Depot hubiera utilizado simples números para identificar los terminales de autopago. Aun así, hay que tener en cuenta que Kaptoxa era en aquel momento lo último en programas maliciosos y resultaba prácticamente indetectable, así que es casi seguro que los piratas habrían acabado logrando su objetivo con éxito, dado el acceso tan abierto al sistema que habían conseguido.

El mayor robo de datos hasta hoy

Yahoo! anunció en diciembre de 2016 que había sufrido un robo de datos en agosto de 2013 que afectó a más de mil millones de usuarios. Se considera el mayor robo informático de datos de la historia, o al menos el mayor comunicado por la empresa afectada. Al parecer, los delincuentes utilizaron un tipo especial de *cookies*, llamadas *forged cookies*, que les permitieron acceder a las cuentas de los usuarios sin disponer de las contraseñas. Poco después, en 2014, se hizo público otro ataque a Yahoo! que afectó a 500 millones de usuarios. Yahoo! emitió la escalofriante afirmación de que este ataque lo había perpetrado un desconocido «agente pagado por el Estado».

La seguridad en la Nube

Día a día va creciendo la lista de grandes fallos de seguridad relacionados con datos masivos. En este mundo «datocéntrico» nuestro, el robo, secuestro o sabotaje de datos se han convertido en preocupaciones cruciales. La seguridad y la propiedad de los datos personales digitales han suscitado muchos miedos. Antes de la era digital, lo habitual era guardar las fotos en álbumes, y los negativos funcionaban a modo de copias de seguridad. Después pasamos a almacenar las fotos en formato electrónico en el disco duro de la computadora personal. Pero esos dispositivos pueden fallar, así que tomamos la sabia decisión de hacer copias de seguridad y, al menos, los archivos permanecían a buen recaudo fuera del acceso público. Sin embargo, ahora hay mucha gente que guarda datos en la Nube. Los ficheros multimedia, como fotografías, vídeos o películas personales, ocupan muchísimo espacio de almacenamiento, así que, desde este punto de vista, tiene un sentido guardarlos en la Nube. Cuando se suben datos a la Nube se cargan en un centro de datos o, con más probabilidad, quedan repartidos en varios de esos centros y de cada uno de ellos se guarda más de una copia.

Los sofisticados sistemas de hoy en día hacen muy improbable la posibilidad de que se pierdan las fotos almacenadas en la Nube. Pero, por otro lado, cuando decidimos borrar algo de todo eso, como una foto o un vídeo, es difícil cerciorarse de que se han eliminado todas las copias. En esencia hay que confiar en que la empresa que proporciona el servicio lo hará. Otro problema importante consiste en controlar quién tiene acceso a las fotos y al resto de datos que se suben a la Nube. Para mantener seguros los datos masivos es crucial recurrir a la encriptación.

Encriptación

Tal como se comentó brevemente en el capítulo 5, la encriptación hace referencia a los métodos que se utilizan para cifrar archivos con el fin de impedir que se lean con facilidad. La técnica básica se remonta muy atrás, cuando menos al tiempo de los romanos. Suetonio cuenta en su obra *Los doce césares* que Julio César codificaba sus documentos aplicándoles un desplazamiento de tres letras hacia la izquierda. Este método codificaría la palabra «secretum» como «pbzboqrj». No es difícil resolver este «cifrado cesariano», pero incluso los sistemas de codificación más seguros que se aplican hoy día incluyen en alguna parte del algoritmo un desplazamiento de este estilo.

En 1997 se demostró posible descifrar el que por entonces era el mejor método de encriptación de todos los disponibles para el público general, el llamado *Estándar de Encriptación de Datos* (DES, *Data Encryption Standard*) gracias, sobre todo, al aumento de la potencia de cálculo de las máquinas, y al hecho de que el método se basaba en una clave relativamente corta, de 56 bits. Aunque 56 bits arrojan 2^{56} eleccio-

151

nes posibles de clave, era viable descifrar un mensaje probándolas todas una a una hasta dar con la clave correcta. Se logró en 1998 en tan solo 22 horas de cálculo con la computadora Deep Crack, construida para este fin concreto por la institución Electronic Frontier Foundation.

La preocupación de la entidad estadounidense de normalización (National Institute of Standards and Technology o NIST) bastó para animarla a convocar en 1997 un concurso mundial y abierto para buscar un método de encriptación mejor que DES con el que proteger los documentos más secretos. El concurso terminó en 2001 con la elección del algoritmo AES. Se presentó al certamen bajo la denominación de *algoritmo Rijndael*, palabra que combina los nombres de sus dos autores belgas: Joan Daemen y Vincent Rijmen.

AES es un algoritmo informático para encriptar texto que permite elegir entre tres longitudes de clave: 128, 192 o 256 bits. El algoritmo tiene que realizar nueve pasadas sobre los datos con la clave de 128 bits, en cada una de las cuales se efectúan cuatro pasos. Luego se añade una pasada final de tan solo tres pasos. El algoritmo de encriptación AES funciona de manera iterativa y realiza gran cantidad de cálculos con matrices, que son el tipo de operaciones con las que mejor funcionan las computadoras. A pesar de eso, es posible describir el proceso de manera general sin hacer referencia al formalismo matemático.

AES empieza aplicando la clave al texto que se pretende cifrar. El texto resultante queda irreconocible pero, si se dispone de la clave, se descifraría de manera trivial sin necesidad de efectuar más operaciones. Por eso le sigue un paso en el que cada carácter queda sustituido por otro tomado de una tabla especial llamada *Caja S Rijndael*. Esto aún permitiría descifrar el mensaje si se conoce la Caja S. La primera pasada se completa con un cifrado cesariano que desplaza todos los caracteres hacia la izquierda, seguido de una permutación final. El resultado se somete a otro ciclo igual, pero en el que se aplica otra clave, y así sucesivamente hasta que se completan todas las pasadas. Como es natural, el usuario desea ser capaz de descifrar el texto y esto está garantizado porque el método es reversible.

Si se utiliza una clave de 192 bits se aplican doce ciclos. Y en casos que requieren todavía más seguridad se puede aplicar AES con 256 bits, pero la mayoría de los usuarios tiene suficiente con AES 128 para garantizar la seguridad de sus datos masivos, entre ellos Google y Amazon. AES es seguro y aún no se ha quebrantado, lo que ha animado a algunos gobiernos a solicitar a grandes empresas como Apple o Google que abran puertas traseras para acceder al material encriptado.

Seguridad del correo electrónico

Se ha estimado que en 2015 se enviaban más de doscientos mil millones de mensajes por correo electrónico al día, pero menos del 10 % de ese tráfico consistía en comunicaciones reales y no en correo basura o malicioso. La mayoría de los mensajes electrónicos no se encripta y ello permite que los piratas intercepten sus contenidos. Un mensaje electrónico enviado desde California hasta Londres, por ejemplo, se divide en «paquetes» de datos que se transmiten por separado a través de un servidor de correo conectado a Internet. Internet consiste en esencia en una gran red mundial de cables que discurren bajo el suelo, sobre el suelo y bajo los océanos, además de repetidores de telefonía celular y satélites. El único continente que no está conectado por cables transoceánicos es la Antártida.

Así que, aunque muchas veces se cree que Internet y los cálculos en la Nube son sistemas inalámbricos, nada dista más de la realidad; los datos se transmiten por cables de fibra óptica que recorren los fondos marinos. Casi todo el caudal de comunicaciones digitales entre continentes se transmite por esta vía. Un mensaje electrónico se enviará por cables trasatlánticos de fibra óptica incluso cuando se utilice un sistema de cálculo en la Nube. La Nube, un término sugerente muy en boga, evoca imágenes de satélites enviando datos por todo el globo, pero la verdad es que los servicios de la Nube están bien anclados al suelo en una red distribuida de centros de datos que proporcionan acceso a Internet principalmente a través de cables.

Los cables de fibra óptica constituyen el medio más veloz de transmisión de datos y por eso suelen preferirse a los satélites. La intensa investigación actual en tecnología de fibra óptica está logrando velocidades de transmisión cada vez mayores. Los cables trasatlánticos han sido objeto de algunos ataques curiosos e inesperados, entre ellos dentelladas de tiburones. Aunque, según informa el Comité Internacional de Protección de Cables, el ataque de tiburones supone menos del 1 % de los fallos registrados; los cables que pasan por zonas que los hacen vulnerables a escualos se protegen ahora con Kevlar. Suponiendo que los cables trasatlánticos no sufren ningún problema debido a tiburones curiosos, gobiernos hostiles y pescadores descuidados, y que el mensaje electrónico enviado desde California acabe llegando al Reino Unido, es posible que sea justo entonces cuando resulte interceptado, al igual que otros datos que circulan por la Red. Edward Snowden filtró en junio de 2013 una serie de documentos que revelaban que el Cuartel de Comunicaciones del Gobierno británico (Government Communications Headquarters, GCHQ) estaba interceptando grandes cantidades de datos que pasaban por unos doscientos cables trasatlánticos mediante un sistema llamado *Tempora*.

El caso Snowden

Edward Snowden es un informático profesional estadounidense a quien se acusó de espionaje en 2013 por filtrar información clasificada de la Agencia de Seguridad Nacional estadounidense (NSA, National Security Agency). Este caso tan mediático centró la atención del gran público en la capacidad de los gobiernos para efectuar una vigilancia masiva, y despertó una inquietud generalizada en relación con la privacidad individual. Aquella actuación deparó a Snowden muchos galardones y reconocimientos, entre ellos su nombramiento como rector de la Universidad de Glasgow, su elección como Persona del año 2013 por el diario *The Guardian*, y su candidatura al premio Nobel de la Paz en 2014, 2015 y 2016. Snowden cuenta con el respaldo de Amnistía Internacional por convertirse en un informante que prestó un servicio a su país. Sin embargo, los políticos y los altos cargos del gobierno de Estados Unidos han rogado encarecidamente que no se transmita esta visión.

El diario británico *The Guardian* comunicó en junio de 2013 que la NSA estaba recopilando metadatos en algunas de las redes principales de telefonía celular estadounidenses. De inmediato le siguió la noticia de que se estaba usando un programa llamado *PRISM* para recopilar y almacenar datos de Internet sobre ciudadanos extranjeros que se comunicaban con Estados Unidos. Le siguió toda una serie de filtraciones electrónicas que incriminaban tanto al Reino Unido como a Estados Unidos. El origen de las filtraciones era Edward Snowden, un empleado de Booz Allen Hamilton, empresa que trabaja para la NSA en el Centro de Criptografía de Hawái, quien envió la información a periodistas que él consideraba lo bastante fiables como para no publicarla sin un análisis detenido. Las motivaciones de Snowden y las cuestiones legales implicadas caen fuera del ámbito de este libro, pero al parecer obró convencido de que lo que en un principio había sido un espionaje legítimo en otros países se había dado la vuelta, y la NSA se estaba dedicando ahora a espiar de manera ilegal a todos los ciudadanos estadounidenses.

Hay medios para descargar de manera rápida todos los contenidos de un sitio de Internet, así como otros datos relacionados. Entre ellos se cuentan herramientas de libre distribución como DownThemAll, disponible como complemento para el navegador Mozilla Firefox, o el programa *wget*. Estas aplicaciones, disponibles para usuarios autorizados en el seno de las redes privadas de la NSA, son las que utilizó Snowden para descargar y copiar cantidades masivas de información. Asimismo, transfirió grandes volúmenes de datos reservados de un sistema de computadoras a otro. Para ello necesitó nombres de usuario y contraseñas a los que suelen tener acceso los administradores de sistemas. Por tanto, tenía acceso directo a muchos de los documentos clasificados que robó, pero no a todos. Para acceder a documentos con una clasificación superior a la de alto secreto tuvo que utilizar datos de usuarios de un nivel superior, algo que deberían haber impedido los protocolos de seguridad. Pero Snowden conocía esos datos porque él había creado esas cuentas y disponía de los privilegios del administrador de los sistemas informáticos. Además, consiguió convencer al menos a un empleado de la NSA con un nivel de acceso superior al suyo para que le diera las contraseñas.

Al final se estima que Snowden copió alrededor de 1,5 millones de documentos altamente clasificados. Era consciente de que no debía hacer públicos todos los documentos robados y tuvo mucho cuidado al decidir cuáles difundía, así que trasladó a periodistas de confianza unos 200.000 y de ellos solo acabó viendo la luz una fracción relativamente pequeña.

Snowden nunca reveló todos los detalles de esta historia, pero al parecer consiguió copiar los datos en memorias USB y no tuvo ninguna dificultad en llevárselos consigo cuando salía del trabajo cada jornada. Está claro que las medidas de seguridad eran inadecuadas para impedir que Snowden saliera con aquellos documentos. Incluso un simple escáner a la salida del edificio habría detectado cualquier dispositivo de almacenamiento portátil, y la videovigilancia de los despachos también podría haber detectado actividades sospechosas. La Cámara de Representantes de Estados Unidos desclasificó en diciembre de 2016 un documento fechado en septiembre anterior que analizaba en los términos más duros el perfil humano de Snowden y que describía la naturaleza y el impacto de los documentos filtrados. Aquel texto dejaba claro que la NSA no había adoptado medidas de seguridad suficientes y, como consecuencia, se puso en marcha la iniciativa Asegurar la Red *(Secure the Net)*, aunque todavía no se ha desarrollado del todo.

Snowden contaba con los privilegios de un administrador de sistemas pero, dada la naturaleza extremadamente sensible de los datos, no parece aceptable que una persona tuviera acceso total sin otras salvaguardas. La copia ilícita de archivos que efectuó Snowden se podría haber evitado, por ejemplo, si para acceder a los datos o transferirlos hubiera que validar las credenciales de dos personas. También llama la atención que Snowden pudiera conectar una memoria USB y copiar sin más todo lo que quisiera. Inhabilitar los puertos USB o las unidades grabadoras de DVD es una medida de seguridad muy sencilla, y hasta podría optarse por no instalar esos dispositivos y conexiones ya de entrada. Si se añadieran sistemas de autenticación adicionales, como un escáner de retina, aparte de la contraseña, Snowden habría tenido muy difícil incluso el mero acceso a los documentos de alto nivel. Las medidas de seguridad modernas son sofisticadas y difíciles de sortear si se usan bien.

Al buscar «Edward Snowden» en Google a finales de 2016 se obtenían más de 27 millones de resultados en poco más de un segundo, y si se buscaba tan solo «Snowden», la cifra aumentaba a 45 millones. Muchos de estos sitios dan acceso a los documentos filtrados clasificados como «alto secreto» y permiten incluso consultarlos, así que todo este material es ahora de dominio público y sin lugar a dudas seguirá de este modo. En la actualidad, Edward Snowden vive en Rusia.

La historia de WikiLeaks es muy diferente y contrasta con la del caso de Edward Snowden.

WikiLeaks

WikiLeaks es una organización mediática enorme en la Red que se dedica a la difusión de filtraciones y documentos secretos. Se financia mediante donaciones y en ella trabaja personal mayormente voluntario, aunque también cuenta con unos cuantos empleados. WikiLeaks afirma haber publicado (o filtrado) más de diez millones de documentos hasta diciembre de 2015. WikiLeaks mantiene un perfil altamente público a través de su propio sitio en la Red, de Facebook y de Twitter.

En medio de una gran controversia, WikiLeaks y su líder Julian Assange saltaron a las portadas informativas el 22 de octubre de 2010 al hacer públicos los llamados «Iraq War Logs», una gran cantidad de datos clasificados en 391.832 documentos sobre la guerra de Irak. A eso le siguió la publicación de unos 75.000 documentos que constituyen «el diario de la guerra de Afganistán» («The Afghan War Diary»), a los que habían tenido acceso el 25 de julio de 2010.

Ambas filtraciones provinieron de un soldado del ejército estadounidense, Bradley Manning. Trabajaba como analista de inteligencia en Irak y un día se llevó al trabajo un disco compacto grabable en el que introdujo documentos secretos extraídos de un ordenador personal que se suponía seguro. Bradley Manning, que ahora se conoce como Chelsea Manning, fue condenado en 2013 por estos hechos a 35 años de prisión en una sentencia dictada por un tribunal militar por violar el Acta de Espionaje y por otros delitos relacionados. El expresidente de Estados Unidos Barack Obama conmutó la pena de Chelsea Manning en enero de 2017 antes de dejar el cargo. La señora Manning, que se sometió a un tratamiento de cambio de sexo mientras estuvo en prisión, quedó libre el 17 de mayo de 2017.

WikiLeaks ha recibido agrias críticas por parte de políticos y gobernantes, pero aplausos y premios de entidades como Amnistía Internacional (2009) o el diario británico *The Economist* (2008), entre muchas otras. El sitio de WikiLeaks en Internet afirma que Julian Assange ha sido propuesto para el premio Nobel de la Paz a lo largo de seis años consecutivos, de 2010 a 2015. La Academia Sueca no difunde los nombres de los candidatos (que deben cumplir unos requisitos estrictos) hasta pasados quince años, pero a menudo ocurre que las personas propuestas difunden esta información. Por ejemplo, en 2011 el parlamentario noruego Snorre Valen propuso a Julian Assange como una manera de mostrar su apoyo a la labor de WikiLeaks cuando da difusión pública a supuestas violaciones de los derechos humanos. En 2015 Assange recibió el apoyo del exparlamentario británico George Galloway, y a principios de 2016 hubo también un activo grupo de académicos que defendió la concesión del premio a Assange.

Pero, a finales de 2016, los aires empezaron a soplar en contra de Assange y WikiLeaks, al menos en parte, porque empezaron a acusarlo de elaborar sus informes de manera sesgada. Tampoco favorecen a WikiLeaks las preocupaciones vinculadas a la seguridad y privacidad de individuos, la privacidad de empresas, los secretos de Estado, la protección de las fuentes locales en zonas de conflicto, o el interés público en general. Las aguas se tornan cada vez más pantanosas para Julian Assange y WikiLeaks. Por ejemplo, en 2016, se filtraron ciertos mensajes electrónicos en el momento idóneo para perjudicar la candidatura a la presidencia de Hillary Clinton, lo que suscitó dudas sobre la objetividad de WikiLeaks y levantó críticas notables procedentes de bastantes fuentes muy respetadas.

Con independencia de si se está a favor o en contra de las acciones de Julian Assange y WikiLeaks (y lo cierto es que es inevitable que una misma persona mantenga ambas posturas dependiendo del caso), una de las grandes cuestiones técnicas es si se puede o no cerrar WikiLeaks. Como esta organización mantiene los datos repartidos por muchos servidores de todo el mundo, algunos alojados en países afines, es improbable que pudiera cerrarse por completo, aun suponiendo que fuera lo deseable. Sin embargo, para tener más protección frente a las represalias que se producen después de cada filtración pública, Wiki-Leaks ha emitido un archivo de seguridad. La advertencia no verbalizada, pero sobreentendida, es que si le ocurriera algo a Assange o se cerrara WikiLeaks, se procedería a la apertura pública del archivo de seguridad. Los archivos de seguridad de WikiLeaks más recientes utilizan el sistema de encriptación AES con clave de 256 bits, así que parece muy poco probable que nadie lo piratee.

Edward Snowden tuvo desavenencias con Wiki-Leaks en 2016 sobre la manera en que cada cual gestiona su publicación de las filtraciones. Snowden cede los archivos a periodistas de confianza que luego eligen con sumo cuidado qué documentos deben filtrar.

Informa con antelación a los altos cargos del gobierno de Estados Unidos y se acatan sus recomendaciones de retener ciertos documentos por motivos de seguridad nacional. Hay muchos que no se han llegado a hacer públicos por el momento. WikiLeaks se limita a publicar los datos sin hacer grandes esfuerzos por proteger la información personal. Sigue tratando de recopilar información de denunciantes, pero hay dudas sobre la fiabilidad de algunas filtraciones recientes, o acerca de si el proceso de selección de la información es totalmente desinteresado. WikiLeaks da en su sitio de Internet las instrucciones necesarias para utilizar un sistema llamado *TOR* (*The Onion Router*, o «El *Router* Cebolla») para que les hagan llegar datos de manera anónima y garantizando la privacidad, pero no hace falta ser un denunciante para usar TOR.

TOR y la Red oscura

Una profesora ayudante del Departamento de Sociología de la Universidad de Princeton, llamada Janet Vertesi, realizó un experimento personal que consistió en intentar que su embarazo se mantuviera en secreto para los comercios en la Red, de manera que su información personal al respecto no pasara a formar parte del gran almacén de datos masivos. En mayo de 2014 publicó un artículo narrando su experiencia en la revista *Time*. Adoptó medidas de privacidad excepcionales, entre las que se encontraba evitar las redes sociales, instalarse TOR y usarlo para la compra de artículos para el bebé, o pagar siempre en efectivo las compras presenciales en tiendas. Aunque todo lo que hizo fue perfectamente legal, llegó a la conclusión de que su ausencia voluntaria de la Red le supuso un coste en tiempo y dinero y la hizo parecer, según sus propias palabras, una «mala ciudadana». Aun así vale la pena echarle un vistazo a TOR aunque solo sea porque permitió a la doctora Vertesi sentirse segura y evitar el rastreo de su vida privada.

TOR consiste en una red de servidores con encriptación que se desarrolló en la armada estadounidense para ofrecer un modo anónimo de navegar por la Red sin que se recopilaran datos personales. TOR es un proyecto que sigue en desarrollo y que pretende crear y mejorar entornos anónimos para la Red mediante programas de código abierto que pueda utilizar cualquier persona preocupada por cuestiones de privacidad. TOR encripta los datos de usuario, incluida la dirección de origen, y luego los anonimiza borrando parte de la cabecera, en especial los campos que contienen la dirección IP, porque es sencillo dar con un individuo mediante el simple rastreo de esa información. El paquete de datos resultante se encamina a través de un sistema de servidores o relés mantenidos por voluntarios antes de llegar al destino final.

Un aspecto positivo es que entre los usuarios se incluyen los militares que diseñaron este sistema en un principio, periodistas de investigación que quieren proteger su información y sus fuentes, y ciudadanos de a pie que aspiran a salvaguardar su privacidad. Las empresas usan TOR para mantener secretos a salvo de la competencia, y los gobiernos, para proteger tanto información sensible como sus fuentes. El proyecto TOR publica con asiduidad notas de prensa en las que comunica algunas de las mejoras introducidas en el sistema desde 1999.

La parte negativa de TOR es que esta red anónima la usa de manera intensiva la delincuencia informática. Hay sitios en la Red que solo son accesibles mediante los servicios ocultos de TOR y llevan la marca de dominio «.onion». Muchas de estas páginas son extremadamente desagradables, como páginas oscuras e ilegales dedicadas al tráfico de drogas, pornografía y blanqueo de dinero. Valga como ejemplo Silk Road, un sitio de Internet muy comentado que forma parte de la Red oscura y que suministra drogas ilegales: al ser accesible únicamente mediante TOR, es muy difícil rastrearlo con fines legales. Un caso judicial muy destacado fue el que siguió a la detención de Ross William Ulbricht, al que se condenó por crear y operar Silk Road bajo el seudónimo Dread Pirate Roberts. Al final se cerró el sitio, pero más tarde reapareció y en 2016 iba ya por su tercera reencarnación con el nombre Silk Road 3.0.

La Red profunda

El término *Red profunda* hace referencia al conjunto de sitios de Internet que los motores de búsqueda normales, como Google, Bing o Yahoo!, no son capaces de indexar. Contiene sitios legítimos, pero también incluye todos los que conforman la Red oscura. Circulan estimaciones según las cuales la Red profunda sería muchísimo mayor que la normal, la Red superficial, aunque calcular el tamaño real de este mundo oculto hecho de datos masivos resulta complicado incluso mediante motores de búsqueda especializados.

Los datos masivos y la sociedad

Robots y trabajo

Durante la depresión económica británica de la década de 1930, el destacado economista John Maynard Keynes especuló en sus escritos sobre el aspecto que tendría el mundo laboral un siglo más tarde. La revolución industrial había creado nuevos puestos de trabajo urbanos en las fábricas y transformado una sociedad eminentemente agraria. Entonces se pensaba que el trabajo que requería un gran esfuerzo físico acabaría siendo asumido por máquinas, lo que provocaría la pérdida del puesto de trabajo para algunas personas, y conduciría a una semana laboral reducida para otras. A Keynes lo inquietaba en especial a qué dedicarían las personas su tiempo libre adicional, una vez que los avances tecnológicos las liberaran de la obligación de ganarse la vida con un trabajo remunerado. Y quizá más acuciante era la cuestión de los recursos financieros derivada de la propuesta de una renta básica universal para compensar la reducción de los puestos de trabajo disponibles.

El siglo XX fue testigo de cómo los puestos de trabajo en la industria iban siendo reemplazados por máquinas cada vez más complejas. Aun así, la semana laboral keynesiana de quince horas no ha llegado a materializarse y parece poco probable que lo haga en el futuro, a pesar de que hace décadas que, por ejemplo, se automatizaron muchas líneas de producción. La revolución digital conllevará un cambio inevitable en el mundo del trabajo, así como lo hizo la revolución industrial, pero de maneras que no parece probable que logremos predecir con exactitud. Los avances tecnológicos en «el Internet de las cosas» hacen que nuestro mundo gire cada vez más en torno a los datos. Día tras día se tornan más importantes en la sociedad las decisiones y acciones basadas en los resultados del análisis de datos masivos en tiempo real.

Hay quien sugiere que seguirán haciendo falta personas para construir máquinas y programarlas, pero se trata de una propuesta especulativa y, de todos modos, esta es justo una de las áreas de trabajo especializado en las que parece más realista que los robots vayan sustituyendo a las personas. Por ejemplo, los sofisticados robots de diagnóstico médico reducirán la fuerza de trabajo necesaria en medicina. No es improbable que aparezcan robots cirujanos, con capacidades de tipo Watson incrementadas. El procesado del lenguaje natural es otra parcela del universo de los datos masivos que se desarrollará hasta el punto en que no seamos capaces de saber si estamos hablando con un médico o con un dispositivo robótico, al menos cuando no estemos en una consulta presencial.

Pero no es nada sencillo predecir a qué se dedicarán los seres humanos cuando los robots asuman muchas de nuestras funciones. Se supone que la creatividad es un campo exclusivamente humano, pero un equipo de expertos en informática que colabora con las universidades de Cambridge y Aberystwyth ha desarrollado el sistema Adam, un científico robótico. Adam ha formulado y estudiado hipótesis en el campo de la genética que han conducido a descubrimientos científicos novedosos. La investigación ha ido más allá y un equipo de la Universidad de Manchester ha creado Eve, un robot que trabaja en el diseño de medicamentos para combatir enfermedades tropicales. Ambos proyectos incorporan técnicas de inteligencia artificial.

El arte de crear novelas parece exclusivo de las personas porque depende de la experiencia, las emociones y la imaginación, pero incluso este ámbito de la creatividad empieza a ser invadido por los robots. Existe un certamen literario, el Nikkei Hoshi Shinichi, que acepta novelas escritas en colaboración por autores humanos y no humanos. Cuatro novelas escritas conjuntamente por personas y computadoras superaron en 2016 la primera fase de esta convocatoria sin que el jurado conociera los detalles de su autoría.

Aunque científicos y novelistas acaben trabajando cada vez más en colaboración con robots, la mayor repercusión de un entorno centrado en los datos masivos se tornará manifiesta para la mayoría de la población en los dispositivos inteligentes.

Vehículos inteligentes

El 7 de diciembre de 2016, Amazon anunció que había entregado por primera vez un paquete por medio de un dron que utilizaba señales GPS *(Global Positioning System)* para orientarse. El receptor fue un hombre que vivía en el campo cerca de Cambridge, en el Reino Unido, y que recibió un paquete que pesaba 1,2 kilos. En la actualidad solo se efectúan entregas mediante dron a dos clientes del servicio Amazon Prime Air y ambos viven dentro de un área de unos 13 kilómetros cuadrados en torno al centro de reparto de Cambridge. En el apartado de lecturas recomendadas consta un vídeo que capta el vuelo. Parece creíble que este evento marque el comienzo de la recopilación de datos masivos en el marco de este proyecto.

Amazon no fue la primera empresa que consiguió entregar un paquete comercial mediante un dron. La empresa Flirtey Inc. dio inicio al reparto de pizzas con drones en noviembre de 2016 en un área pequeña alrededor de su sede en Nueva Zelanda, y en otros lugares han surgido proyectos similares. A día de hoy parece probable que los servicios de entrega de productos con drones vayan en aumento, sobre todo en áreas remotas donde se puedan salvar los problemas relacionados con la seguridad. Por supuesto, un ataque de piratería informática o simplemente una caída de los sistemas de computadoras causaría estragos. Pensemos, por ejemplo, que falla un pequeño dron de reparto, podría herir o matar a personas o animales, aparte de causar daños materiales considerables.

Esto es lo que ocurrió cuando un ordenador remoto tomó el control de los programas que gestionaban un vehículo que circulaba por la carretera a más de 100 kilómetros por hora. Fue una prueba realizada para la revista *Wired* por dos expertos en seguridad, Charlie Miller y Chris Valasek, en el año 2015: demostraron a una víctima voluntaria que era posible piratear el ordenador Uconnect que comunica el vehículo con Internet de forma remota y mientras el coche se hallaba en movimiento. Asusta leer este informe porque a los dos expertos les bastó un ordenador portátil conectado a Internet para tomar el control de la dirección, los frenos y la transmisión del vehículo, por no hablar de otros sistemas no críticos como el aire acondicionado o la radio de un vehículo Jeep Cherokee. El coche circulaba por una vía muy transitada a más de 100 kilómetros por hora cuando de pronto el acelerador dejó de responder, lo que alarmó sobremanera al conductor.

Este episodio animó al fabricante del vehículo, un Chrysler, a enviar un aviso a los propietarios de 1,4 millones de coches y hacerles llegar una memoria USB con actualizaciones que debían instalarse en la computadora de a bordo. El ataque fue viable debido a un punto débil en la red de telefonía celular que después se resolvió, pero este caso pone de manifiesto la necesidad de tratar a fondo los ataques potenciales de piratería informática contra vehículos inteligentes antes de que esta tecnología se generalice entre el público.

Parece inevitable el advenimiento de los vehículos autónomos, desde automóviles hasta aeroplanos. Hace tiempo que los aviones operan en modo automático, incluidas las maniobras de despegue y aterrizaje. Pero todavía falta bastante para que presenciemos el uso generalizado de drones para el transporte de pasajeros, aunque sí se utilizan ya en aplicaciones agrícolas, como la fumigación de cultivos, o con fines militares. Los vehículos inteligentes están aún en las primeras fases de desarrollo para usos generalizados, pero existen otros dispositivos inteligentes que ya forman parte de los hogares modernos.

Casas inteligentes

En el capítulo 3 utilizamos la expresión «Internet de las cosas» como una forma cómoda de referirnos a la gran cantidad de sensores electrónicos actualmente conectados a Internet. Por ejemplo, cualquier dispositivo electrónico que pueda haber en una casa y que se pueda manejar de manera remota (a través de una interfaz de usuario que puede mostrarse en la pantalla de televisión de la casa, o en el teléfono inteligente, o en una computadora portátil) es un dispositivo inteligente y forma parte del Internet de las cosas. Muchas casas cuentan con puntos de control que se activan por voz y que permiten gestionar el alumbrado, la calefacción, la puerta del garaje y muchos otros dispositivos del hogar. La conectividad *wifi* (abreviatura de *wireless fidelity*, «fidelidad inalámbrica», que hace referencia a la capacidad de conectarse a una red como Internet mediante ondas de radio en lugar de cables) permite dirigirse a un altavoz inteligente por su nombre (el que el usuario le haya asignado) y pedirle que informe de palabra sobre el parte meteorológico local o que dé las noticias deportivas nacionales.

Estos aparatos proporcionan servicios basados en la Nube y plantean inconvenientes relacionados con la privacidad. En cuanto el aparato se conecta, todo lo que se dice queda registrado y se almacena en un servidor remoto. La policía de Estados Unidos pidió a Amazon que proporcionara los datos de un dispositivo Echo (un aparato que se controla por voz y que se conecta al servicio Alexa Voice para ofrecer música, información, noticias, etc.) porque consideró que podría servir de ayuda en una investigación reciente por asesinato. Amazon se mostró reticente en un principio, pero el sospechoso dio más tarde su consentimiento para que se cedieran las grabaciones con la esperanza de que ayudaran a demostrar su inocencia.

Otros desarrollos basados en la computación en la Nube integran en la casa inteligente dispositivos tales como lavadoras, frigoríficos o robots de limpieza, con la posibilidad de manejarlos de manera remota a través de teléfonos inteligentes, computadoras portátiles o altavoces repartidos por la vivienda. Todos estos aparatos se controlan a través de Internet y, en consecuencia, corren el riesgo potencial de sufrir pirateos informáticos, lo que convierte el tema de la seguridad en un objeto de investigación muy relevante.

Ni siquiera los juguetes infantiles están libres de esa amenaza. Una muñeca inteligente llamada *Mi amiga Cayla* recibió el galardón al Juguete Innovador de 2014 por la Asociación Londinense de la Industria Juguetera. La muñeca incluía un dispositivo *bluetooth* oculto a través del cual era posible plantear preguntas y recibir respuestas, pero el sistema resultó inseguro. La Agencia Federal Alemana para Internet, encargada de supervisar las comunicaciones por la Red, instó a las familias a destruir estas muñecas, que ahora están incluso prohibidas, porque suponen un riesgo para la privacidad. Los piratas informáticos han demostrado lo fácil que es escuchar lo que dicen los niños y darles respuestas inapropiadas que incluyan, incluso, palabras que figuran en la lista de vocablos prohibidos establecida por el fabricante.

Ciudades inteligentes

Las casas inteligentes empiezan a ser una realidad incipiente, pero el Internet de las cosas, unido a las tecnologías de la información y la comunicación (TIC), promete convertir las ciudades inteligentes en una realidad. Hay planes para crear ciudades inteligentes en muchos países, como la India, Irlanda, Reino Unido, Corea del Sur, China o Singapur. La idea consiste en lograr mayor eficiencia en un mundo abarrotado donde las ciudades crecen muy rápido. La población rural se muda a las ciudades cada vez más. El 54 % de la población mundial vivía en ciudades en 2014, y Naciones Unidas estima que la cifra crecerá hasta el 66 % hacia 2050.

La tecnología de las ciudades inteligentes se nutre de recopilar las ideas que surgen de dos campos en principio separados entre sí: las primeras implementaciones del Internet de las cosas por un lado y, por otro, las técnicas de gestión de datos masivos. Entre los rasgos que caracterizan una ciudad inteligente se encuentran, por ejemplo, los vehículos autónomos, los sistemas remotos de monitorización de la salud, las casas inteligentes y el control a distancia. Una ciudad de este tipo dependería de la gestión y el análisis de datos masivos acumulados a partir del enorme conjunto total de sensores existentes en la localidad. La clave de las ciudades inteligentes reside en la unión del Internet de las cosas con los datos masivos.

Un sistema inteligente de gestión de la energía es uno de los beneficios que podría obtener la comunidad en su conjunto. Se encargaría de regular el alumbrado público, controlar el tráfico e incluso rastrear la recogida de basuras. Todo ello se puede conseguir si se instala una cantidad enorme de etiquetas de identificación automática por radiofrecuencia (RFID, *Radio-Frequency Identification Tags*) unida a una red de sensores inalámbricos repartidos por toda la ciudad. Estas etiquetas consisten en un microprocesador y una antena minúscula, y envían datos desde los dispositivos individuales a una central de análisis. Las autoridades municipales podrían, por ejemplo, controlar el tráfico si se instalaran RFID en los vehículos y cámaras digitales en las calles. Otro asunto es el de la mejora de la seguridad de las personas, porque, por ejemplo, esto permitiría seguir y monitorizar de manera discreta a los hijos a través de los teléfonos celulares de sus padres. Estos sensores generarían volúmenes colosales de datos que requerirían un seguimiento y análisis en tiempo real en una central de tratamiento de datos. Los resultados serían útiles para gran variedad de fines, como medir la intensidad del tráfico, localizar atascos o recomendar rutas alternativas. La seguridad de los datos cobra una importancia primordial en este contexto, porque cualquier punto débil del sistema o cualquier ciberataque repercutiría de inmediato en la confianza de la población.

Todo el distrito de negocios internacionales de Songdo, en Corea del Sur, se ha diseñado a propósito como una ciudad inteligente que debería terminar de construirse en 2020. Uno de sus rasgos principales consiste en que toda la población cuenta con acceso a banda ancha por fibra óptica. Esta tecnología punta se utiliza para garantizar el acceso rápido a todas las prestaciones de una ciudad inteligente. Las nuevas ciudades inteligentes se diseñan también de manera que se minimice su impacto ambiental, lo que las convierte en las ciudades sostenibles del futuro. Hay poblaciones que, como Songdo, se diseñan y construyen a propósito como ciudades inteligentes, pero los núcleos urbanos que ya existen tendrán que modernizar sus infraestructuras poco a poco.

La iniciativa Global Pulse de Naciones Unidas promueve investigaciones relacionadas con datos masivos que deparen beneficios globales y, en mayo de 2016, hizo público su Concurso de Grandes Ideas sobre Ciudades Sostenibles, orientado a los diez miembros de la Asociación de Naciones del Sudeste Asiático, así como a la República de Corea. El plazo de presentación se cerró en junio con más de 250 propuestas registradas, y en agosto de 2016 se anunció el fallo para cada categoría. El primer premio lo ganó la República de Corea con su propuesta para mejorar el transporte público mediante la reducción de los tiempos de espera gracias al uso de información sobre colas con datos obtenidos en colaboración abierta.

Más allá

En esta brevísima introducción se aprecia el cambio radical que ha experimentado la ciencia de los datos en las últimas décadas debido a los avances tecnológicos derivados del desarrollo de Internet y el universo digital. Este capítulo final da unas pinceladas sobre el modo en que pueden cambiar nuestras vidas en el futuro gracias a los datos masivos. Una obra breve como esta no puede cubrir todas las áreas en las que están teniendo repercusión los datos masivos (o *big data*), pero sí hemos visto algunas de sus variadas aplicaciones que ya nos están afectando.

El gran volumen de datos que se genera en el mundo no para de crecer, y no hay duda de que se dedicará una investigación intensiva al desarrollo de métodos para gestionar este alud de manera eficaz y significativa, sobre todo en el campo del análisis en tiempo real. La revolución de los datos masivos supone un cambio radical en el funcionamiento del mundo y, tal como sucede con todos los avances tecnológicos, la responsabilidad moral para asegurar un uso adecuado se reparte entre las personas individuales, la comunidad científica y los gobiernos. *Big data* es poder. Su potencial para hacer el bien es enorme. De nosotros depende evitar su utilización indebida.

Unidades de medida de *bytes*

Término	Significado
Bit	Un dígito binario: 0 o 1
Byte	8 bits
Kilobyte (Kb)	1.000 bytes
Megabyte (Mb)	1.000 kilobytes
Gigabyte (Gb)	1.000 megabytes
Terabyte (Tb)	1.000 gigabytes
Petabyte (Pb)	1.000 terabytes
Exabyte (Eb)	1.000 petabytes
Zettabyte (Zb)	1.000 exabytes
Yottabyte (Yb)	1.000 zettabytes

Códigos ASCII de las letras minúsculas

Decimal	Binario	Hex	Letra
97	01100001	61	a
98	01100010	62	b
99	01100011	63	c
100	01100100	64	d
101	01100101	65	e
102	01100110	66	f
103	01100111	67	g
104	01101000	68	h
105	01101001	69	i
106	01101010	6A	j
107	01101011	6B	k
108	01101100	6C	l
109	01101101	6D	m
110	01101110	6E	n

111	01101111	6F	o
112	01110000	70	p
113	01110001	71	q
114	01110010	72	r
115	01110011	73	s
116	01110100	74	t
117	01110101	75	u
118	01110110	76	v
119	01110111	77	w
120	01111000	78	x
121	01111001	79	y
122	01111010	7A	z
32	00010000	20	espacio

Lecturas recomendadas

Capítulo 1: Un estallido de datos

David J. Hand, *Information Generation: How Data Rule Our World* (Oneworld, 2007).

Jeffrey Quilter y Gary Urton (eds.), *Narrative Threads: Accounting and Recounting in Andean Khipu* (University of Texas Press, 2002).

David Salsburg, *The Lady Tasting Tea: How Statistics Revolutionized Science in the Twentieth Century* (W.H. Freeman and Company, 2001).

Tucídides, *Historia de la guerra del Peloponeso;* traducción, introducción y notas de Francisco Rodríguez Adrados (Crítica, Serie Mayor, 2013).

Capítulo 2: ¿Qué tienen de especial los datos masivos?

Joan Fisher Box, *R. A. Fisher: The Life of a Scientist* (Wiley, 1978).

David J. Hand, *Statistics: A Very Short Introduction* (Oxford University Press, 2008).

Viktor Mayer-Schönberger y Kenneth Cukier, *Big Data: la revolución de los datos masivos.* Trad. cast. de Antonio Iriarte (Turner, 2013).

Capítulo 3: Almacenamiento de datos masivos

C. J. Date, *Introducción a los sistemas de bases de datos.* Trad. cast. de Sergio Luis María Ruiz Fraudón (Pearson Educación, 2001).

Guy Harrison, *Next Generation Databases: NoSQL, NewSQL and Big Data* (Apress Media, 2015).

Capítulo 4: Análisis de datos masivos

Thomas S. Kuhn y Ian Hacking, *La estructura de las revoluciones científicas.* Trad. cast. e introducción de Carlos Solís Santos (Fondo de Cultura Económica, 2013).

Bernard Marr, *Big Data: la utilización del big data, el análisis y los parámetros smart para tomar mejores decisiones y aumentar el rendimiento.* Trad. cast. de Sara Arilla (Teell Editorial, 2016).

Lars Nielson y Noreen Burlingame, *A Simple Introduction to Data Science* (New Street Communications, 2012).

Capítulo 5: *Big data* en medicina

Dorothy H. Crawford, *Ebola: Profile of a Killer Virus* (Oxford University Press, 2016).

N. Generous, G. Fairchild, A. Deshpande, S. Y. del Valle y R. Priedhorsky, «Global Disease Monitoring and Forecasting with Wikipedia», *PLoS Comput Biol* 10(11) (2014), e1003892. DOI: 10.1371/journal.pcbi.1003892

Peter K. Ghavami, *Clinical Intelligence: The Big Data Analytics Revolution in Healthcare. A Framework for Clinical and Business Intelligence* (tesis doctoral, 2014).

D. Lazer y R. Kennedy, «The Parable of Google Flu: Traps in Big Data Analysis», *Science* 343 (2014), 1203-1205. <http://scholar.harvard.edu/files/gking/files/0314policyforumff.pdf>

Katherine Marconi y Harold Lehmann (eds.), *Big Data and Health Analytics* (CRC Press, 2014).

Robin Wilson, Elizabeth zu Erbach-Schoenberg, Maximilian Albert, Daniel Power *et al.*, «Rapid and Near Real-Time Assessments of Population Displacement Using Mobile Phone Data Following Disasters: The 2015 Nepal Earthquake», *PLoS Currents Disasters*, Edición 1, 24 de febrero de 2016, artículo de investigación. DOI: 10.1371/currents.dis.d073fbece328e4c39087bc086d694b5c <http://currents.plos.org/disasters/article/rapid-and-near-real-time-assessments-of-population-displacement-using-mobile-phone-data-following-disasters-the-2015-nepal-earthquake/>

Capítulo 6: Datos masivos, negocio masivo

Leo Computers Society, *LEO Remembered, By the People Who Worked on the World's First Business Computers* (Leo Computers Society, 2016).

James Marcus, *Amazonia* (The New Press, 2004).

Bernard Marr, *Big Data en la práctica*. Trad. cast. de Inés Ramia y Alicia Jiménez Santamaría (Teell Editorial, 2017).

Frank Pasquale, *The Black Box Society: The Secret Algorithms That Control Money and Information* (Harvard University Press, 2015).

Foster Provost y Tom Fawcett, *Data Science for Business* (O'Reilly, 2013).

Capítulo 7: Seguridad y datos masivos: el caso Snowden

Andy Greenberg, *This Machine Kills Secrets* (PLUME, 2013).

Glenn Greenwald, *Sin un lugar donde esconderse*. Trad. cast. de Juan Soler Chic (Ediciones B, 2014).

Luke Harding, *The Snowden Files* (Vintage Books, 2014).

G. Linden, B. Smith y J. York, «Amazon.com Recommendations: Item-to-item Collaborative Filtering», *Internet Computing* 7(1) (2003), 76-80.

Fred Piper y Sean Murphy, *Cryptography: A Very Short Introduction* (Oxford University Press, 2002).

P. W. Singer y Allan Friedman, *Cybersecurity and Cyberwar: What Everyone Needs to Know* (Oxford University Press, 2014).

Nicole Starosielski, *The Undersea Network* (Duke University Press, 2015).

Janet Vertesi, «How Evasion Matters: Implications from Surfacing Data Tracking Online», *Interface: A Special Topics Journal* 1(1) (2015), Artículo 13. http://dx.doi.org/10.7710/2373-4914.1013 <http://commons.pacificu.edu/cgi/viewcontent.cgi?article=1013&context=interface>

Capítulo 8: Los datos masivos y la sociedad

Anno Bunnik y Anthony Cawley, *Big Data Challenges: Society, Security, Innovation and Ethics* (Palgrave Macmillan, 2016).

Samuel Greengard, *The Internet of Things* (MIT Press, 2015).

Robin Hanson, *The Age of Em* (Oxford University Press, 2016).

Sitios de Internet

<https://www.infoq.com/articles/cap-twelve-years-later-how-the-rules-have-changed>
<https://www.emc.com/collateral/analyst-reports/idc-the-digital-universe-in-2020.pdf>
<http://newsroom.ucla.edu/releases/ucla-research-team-invents-new-249693>
<http://www.ascii-code.com/>
<http://www.tylervigen.com/spurious-correlations>
<https://www.statista.com/topics/846/amazon/>
<https://www.wired.com/2015/07/jeep-hack-chrysler-recalls-1-4m-vehicles-bug-fix/>
<http://www.unglobalpulse.org/about-new>
<https://intelligence.house.gov/news/>

Índice analítico

1984 145
ACID 60, 66, 69
Acta de Espionaje 160
advanced encryption standard (AES) 136, 152, 161
Adwords 128
Afghan War Diary, The 159
Agencia Nacional de Seguridad (NSA, National Security Agency) 155-158
algoritmo de aprendizaje no supervisado 46, 47
algoritmo de aprendizaje supervisado 46, 51
algoritmo del coseno discreto 76
Amazon 70, 79, 95, 130-138, 153, 167, 168
Amnistía Internacional 155, 160
analista de datos 35, 141, 142
Apollo 11 55
aprendizaje automático 46-47, 116, 117
Armstrong, Neil 55
ASCII (*American Standard Code for Information Interchange*) 72
Assange, Julian 159, 160-161

babilonios 18
BASE 66
base de datos relacional 59, 60, 64, 66, 67
BellKor's Pragmatic Chaos 140
Bezos, Jeff 134
Bing 25, 164
BlackPOS 148
blogs 100
Bloom, filtro de 83-88
Booz Allen Hamilton 156
Box, George 96
Brewer, Eric 65
Brin, Sergey 89, 94
BusinessWeek 125
byte 24, 32, 72, 76, 84

Cafarella, Mike 61
Caja S de Rijndael 153

CAP, teorema 65
censo 18, 21
CERN 41
César, Julio 151
Chrysler 169
ciencia de los datos 35, 174
cinta magnética 124
clasificación 51-53, 113
clickstream logs (registros de secuencias de clics) 26, 27
Clinton, Hillary 161
cólera 29
collaborative filtering (filtrado colaborativo) 130, 134, 135, 139, 141
comercio electrónico 124-127
Common Crawl 83, 95
compresión 70-75
compresión con pérdidas 71, 75-78
compresión por deformación *(warping compression)* 77
compresión sin pérdidas 70-75
conjuntos de datos públicos 95
cookies 27, 129, 149
correlación 44, 97, 98, 103
correo electrónico 25, 29, 41, 83-88, 120, 124, 147, 153
Crick, Francis 29
Cuartel de Comunicaciones británico (Government Communications Headquarters, GCHQ) 155
cúmulos 48, 49, 63
Cutting, Doug 61, 62

Daemen, Joan 152
Data Encryption Standard (Estándar de Encriptación de Datos) (DES) 151, 152
datos de sensores 28, 29, 100, 172
datum 19
Deep Crack 152
Delphi, grupo de investigación 107
DownThemAll 156
Dread Pirate Roberts 164
drones 137, 168

ébola 80, 81, 108-111
ébola, epidemia en África occidental 108-111
Economist, The 160
EDSAC (*Electronic Delay Storage Automatic Computer*) 123
Electronic Frontier Foundation 152
encriptación 120, 121, 136, 147, 148, 151, 152
escalabilidad 59, 60, 63-64, 69
escalabilidad vertical 60
Escuela Henry Samueli de Ingeniería y Ciencia Aplicada de la UCLA 77
Esparta 17
estructurados, datos 23, 25, 39, 42, 58-60, 64
estudio de muestreo 22
estudios de mercado 135
exabyte 24

Facebook 27, 62, 64, 79, 89, 100, 127, 130, 159
FancyBears 119
fibra óptica 154, 173
firewall (cortafuegos) 146
Fisher, Ronald 37, 38, 39, 44
Flirtey Inc. 168
fraude con tarjetas bancarias 47, 48, 51, 52, 88, 147, 148

Gauss, Carl Friedrich 20
Genoma Humano, proyecto 29, 113-114
Global Pulse 174
Google 25, 61, 79, 89, 90, 95, 98, 101-108, 127, 153, 158, 164
Google Flu Trends 101-107, 110-111
Gran Colisionador de Hadrones 41
Guardian, The 155

Hadoop 61-64, 78-80, 135
Hammond, Henry 19
Hollerith, Herman 21
Home Depot 147, 148, 149
Humby, Clive 46

identificación por radiofrecuencia (**RFID**, *radio-frequency identification*) 173
International Business Machines Corporation (**IBM**) 21, 24, 40, 55, 113, 115, 116, 124

International Computers Limited (ICL) 124
International Data Corporation (IDC) 70
Internet de las cosas 58, 166
Iraq War Logs 159
Ishango, hueso de 18

J. Lyons & Co. 123
Jaccard, índice 131, 132
Java 62
Jeopardy 115-118
JPEG (Joint Photographic Experts Group) 76-77

Kaptoxa 148, 149
Keynes, John Maynard 165
Kindle 145
Kuhn, Thomas 96

Laney, Doug 39, 43
Laplace, Pierre-Simon 20
Lavoisier, Antoine 20
Lebombo, hueso de 18
lenguaje de consulta estructurada (**SQL**, *Structured Query Language*) 59, 64

Manning, Bradley 159
Manning, Chelsea 159-160
MapReduce 78-83
Mi amiga Cayla 171
Miller, Charlie 168

Millionaire, máquina calculadora 38
minería de datos 46, 51, 115, 140
Moore, Gordon 56
Moore, ley de 56, 57-58
muestra de datos 39, 143

National Institute of Standards and Technology (NIST) 152
Natural Language Processing (procesamiento del lenguaje natural, *NLP*), 116
Netflix 58, 70, 126, 130, 134, 138-142
NewSQL 69
Newton, Isaac 20, 96
Ngram 95
Nikkei Hoshi Shinichi, premio literario 167
Nissan 30
no estructurados, datos 23, 24, 60, 62, 64, 100, 117, 127
Nobel de la Paz, premio 155, 160
normalización 59
NoSQL 64-67
NSA (Agencia de Seguridad Nacional de Estados Unidos) 155, 156
Nube, la 58, 69, 70, 121, 134, 136, 150, 151, 154, 170

Organización Mundial de la Salud (OMS) 108-110

Orwell, George 145
overfitting (sobreajuste) 105
Oxford English Dictionary 19

Page, Larry 89, 94
PageRank 89-95
pago por clic *(pay-per-click)* 127, 128, 129
Paleolítico Superior 18
piratas informáticos 70, 121, 146, 148, 174
población 18, 20, 28, 39, 109-111, 173
Priestley, Joseph 20
PRISM 156
publicidad 27, 33, 137
publicidad digital 27, 137
publicidad dirigida 27, 129-131, 137
Quipu 19

Rebelión en la granja 145
recomendación, sistemas de 126, 130-134, 139, 141
Red oscura 162-164
Red profunda 164
redes sociales 24, 27, 42, 43, 68, 99, 100, 127, 162
regresión 113
resonancia magnética nuclear 100, 112
Rijmen, Vincent 152
Rijndael, algoritmo 152
robots 165-167
Ruta de la Seda *(Silk Road)* 164

seguridad 29, 114, 115, 121, 122, 128, 136, 143-175
selección de variables 164
semiestructurados, datos 23, 24, 42, 62, 67
Servicio Geológico de Estados Unidos (USGS, United States Geological Survey) 34
sistema de archivos distribuido 61, 78, 79-80, 82
Snow, John 20
Snowden, Edward 145, 155-159, 161
Songdo, distrito de negocios internacionales, Corea del Sur 173-174
Square Kilometer Array (SKA) 32
suplantación de identidad (*phishing*) 84, 120, 147, 148
Sweeney, Latanya 120

tabuladora de tarjetas perforadas 21
Target, comercio de venta al menor 147
terremoto de Nepal 111-112
terremotos, predicción de 34
Tesla 30, 31
TOR (The Onion Router) 162-163
Tucídides 17-18, 44

Twitter 27, 42, 62, 89, 100, 108, 127, 159
Uconnect 168
Ulbricht, Ross William 164
Uniform Resource Locator (URL) 121

Valasek, Chris 168
Valen, Snorre 160
variedad 40-45, 99, 174
vehículos autónomos 30, 169
velocidad 40, 43, 46, 99
veracidad 43, 45, 99, 119
Vertesi, Janet 162
volumen 24, 25, 32, 40-41, 44, 46, 60, 99
Volvo 30

Watson (IBM) 113, 115-118
Watson, James 29
wget, programa 156
WikiLeaks 159-162
Wired 168
World Wide Web (www) 22

Yahoo! 149, 150, 164
Yoo, Ji Su 120
YouTube 27

zettabyte 70
zika 111